百科经典科普阅读丛书

分子共和国

北京大学化学与分子工程学院　编著

中国大百科全书出版社

图书在版编目（CIP）数据

分子共和国／北京大学化学与分子工程学院编著
. --北京：中国大百科全书出版社，2021.8
（百科经典科普阅读丛书）
ISBN 978-7-5202-0937-3

Ⅰ. ①分… Ⅱ. ①北… Ⅲ. ①分子-普及读物 Ⅳ.
①O561

中国版本图书馆CIP数据核字（2021）第033127号

出 版 人：刘祚臣
责任编辑：黄佳辉　徐世新
内文插图：石　玉
封面设计：吾然设计工作室
责任印制：李宝丰
出版发行：中国大百科全书出版社
地　　址：北京市西城区阜成门北大街17号　　邮编：100037
网　　址：http://www.ecph.com.cn　　电话：010-88390718
图文制作：北京博海维创文化发展有限公司
印　　刷：河北鑫玉鸿程印刷有限公司
字　　数：130千字
印　　张：6
开　　本：889毫米×1194毫米　1/24
版　　次：2021年8月第1版
印　　次：2025年2月第3次印刷
书　　号：978-7-5202-0937-3
定　　价：68.00元

《分子共和国》编委会

丛书序

科技发展日新月异，“信息爆炸”已经成为社会常态。

在这个每天都涌现海量信息、时刻充满发展与变化的世界里，孩子们需要掌握的知识似乎越来越多。这其中科学技术知识的重要性是毋庸置疑的。奉献一套系统而通彻的科普作品，帮助更多青少年把握科技的脉搏、深度理解和认识这个世界，最终收获智识成长的喜悦，是“百科经典科普阅读丛书”的初心。

科学知识看起来繁杂艰深，却总是围绕基本的规律展开；“九层之台，起于累土”，看起来宛如魔法的现代科技，也并不是一蹴而就的。只要能够追根溯源、理清脉络，掌握这些科技知识就会变得轻松很多。在弄清科学技术的“成长史”之后，再与现实中的各种新技术、新名词相遇，你不会再感到迷茫，反而会收获“他乡遇故知”的喜悦。

“百科经典科普阅读丛书”既是一套可以把厚重的科学知识体系讲“薄”的“科普小书”，又是随着读者年龄增长，会越读越厚的“大家之言”。丛书简洁明快，直白易懂，三言两语就能带你进入仿佛可视可触的科学世界；同时丛书由中国乃至世界上最优秀的一批科普作者擎灯，引领你不再局限于课本之中，而是到现实中去，到故事中去，重新认识科学，用理智而又浪漫的视角认识世界。

丛书的第一辑即将与年轻读者们见面。其中收录的作品聚焦于数学、物理、化学三个基础学科，它们的作者都曾在各自的学科领域影响了一整个时代有志于科技发展的青少年：谈祥柏从事数学科普创作五十余载、被誉为“中国数学科普三驾马车”之一；甘本祓创作了引领众多青少年投身无线电事业的《生活在电波之中》；北京大学化学与分子工程学院培养了中国最早一批优秀化学专业人才……他们带着自己对科技发展的清晰认知与对青少年的殷切希望写下这些文字，将一幅幅清晰的科学发展脉络图徐徐铺展在读者眼前。相信在阅读了这些名家经典之后，广阔世界从此在你眼中将变得不同：诗歌里蕴藏着奇妙的数学算式；空气中看不见的电波载着信号来回奔流不息；元素不再只是符号，而是有着不同面孔的精灵，时刻上演着“爱恨情仇”……

愿我们的青少年读者在阅读中获得启迪，也期待更多优秀科普作家的经典科普作品加入到丛书中来。

中国大百科全书出版社

2020 年 8 月

第二版序

《分子共和国》一书的创意始于2006年8月，北京大学徐光宪院士在北大未名BBS化学与分子工程学院版面以“老顽童”为名发表《分子共和国——开国大典》一文，号召全院师生开动脑筋，运用趣味、通俗的语言文字描写分子，共同构建一个“分子共和国”。这一倡议引起了热烈反响，化学与分子工程学院师生积极响应，开始了为期两个月的“分子共和国”趣味科普文学创作活动。

为了将这些原创科普文章结集出版，以便在全社会范围内产生更大的影响，推动我国科普教育的发展，经学院精心选编和细致审核后，在中国大百科全书出版社的大力支持下，该书的第一版于2009年出版。时任北京大学校长周其凤院士亲自为第一版作序并表达了对化学与分子工程学院师生进行趣味科普创作的高度肯定。

《分子共和国》一经出版，就受到了广大读者欢迎。本书特有的观察视角、活泼风趣的语言让读者爱不释手，趣味性十足；同时书中内容又提供了正确可靠的科学知识和数据，知识性十足；作为一本优秀的科普读物，能够使青少年读者、非专业成人读者、科学家读者这三个层次的读者各有收获，实用性十足；这本书不但拓宽了读者的知识面，而且可以启发读者提出新问题，甚至促使读者做出创新的科学研究，启发性十足。

《分子共和国》的创作是一个崭新的、很好的自我教育和普及化学知识的形式。该书所包含的内容汇集了北京大学化学与分子工程学院师生智慧的结晶，这不仅仅是平时学科知识积累的结果，更是大家想象力与创造力的充分体现，激发我们去想象和创造出更美更好的分子，繁荣我们大家的“分子共和国”。

时值该书出版九周年，北京大学化学与分子工程学院与中国大百科全书出版社商议计划重新配图，以全新的版式再版此书，恰逢北京大学建校一百二十周年和中国大百科全书出版社建社四十周年，谨以此向北京大学及中国大百科全书出版社致敬！

中国科学院院士

2018 年 4 月

第一版序

化学真的很神奇，它不仅可以使物质千变万化，点石成金，变废为宝，变丑为美，还可以使学习化学的人成为科普作家！“我们对人类的贡献可大了。”不信？那就请读读《分子共和国》吧。

一直在北大化学系（如今是化学与分子工程学院）学习、工作的我，非常佩服这儿的老师和同学。读完了这本由北京大学化学与分子工程学院老师和同学们创作的科普读物《分子共和国》，我再一次为师生们的才情所折服。元素、分子、反应、方程式，在大多数人看来是枯燥无味的。然而，当它们以科普的形式跃然纸上时，连我这个与化学打了几十年交道的人也对化学、分子感觉到了久违的新鲜和亲切——化学的确很好玩！

化学家完全可以自豪地说，从合成氨、尿素到高分子，从化妆品到医药，从服装到建筑材料……一项项闪烁着无穷想象力的化学成果，让我们的世界丰富多彩、日新月异。但是，最近一段时期，当苏丹红、三聚氰胺成为大众耳熟能详的词汇时，我们似乎也听到了“化学留给人们的是否为无穷无尽的灾难”的诘问。解答这些诘问的最好方式就是恢复化学本来的面目。然而，一直以来，化学和化学工作者低调的姿态、化学类科普文章的匮乏，使得化学仿佛远在天边，可望而不可即。

《分子共和国》的出版是一次勇敢的尝试。徐光宪先生（他可是获得了国家最高科技奖的大师哟）挥笔写下了本书的开篇——“开国大典”，而书中内容都来自他和师生们的创作。从“单质一族”的氢气、氧气，到“无机城市”的硫酸、硝酸、二氧化碳，再到“有机城堡”，师生们以丰富的想象力构建了一个生动而真实的“分子共和国”。他们所特有的学术敏锐、独特的观察视角、清新活泼的语言，加上良好的化学基础，构成了这组科普文章引人入胜的要素。

《分子共和国》包含的不仅仅是科普文章，同时也是北京大学化学与分子工程学院教育成果的结晶。素质教育，全面发展，让学生们学以致用，把化学带回生活，在生活中思考化学，两方面相辅相成，相互促进，这是学院一贯的思路。对于我来说，在这样一本书的背后，欣喜地看到了学生们的自我提高和全面成长。

这应该是一个开始而不是结束。正如分子是构成整个化学王国的基石，我们期盼《分子共和国》成为化学自我展现的一个新起点！

周其凤

中国科学院院士

2009 年春于蓝旗营

目录

无机城市

有机城堡

笔记栏

开国大典

我是一个分子小精灵，我们分子群体是一个你无法想象的超级巨大共和国。这个共和国包含的民族就有8400多万个。她的人口，数也数不清。我们都是元素祖宗的子子孙孙。元素祖宗共有100多个民族。每个民族的个体叫作原子。元素的老大就是H（氢）元素，她的个体叫作H原子。H原子质量最小，但宇宙间H民族的人口最多，共有大约10^{78}个，即100万亿亿亿亿亿亿亿亿亿个。这个数目太大了，因此人类把6.023×10^{23}个原子或分子叫作1摩尔。那样，可见宇宙中的H元素大约有1.5×10^{54}摩尔的原子。人类又把1摩尔原子质量的克数叫作原子量。H元素的原子量是1.008，所以1摩尔H的质量约是1克，可见宇宙中H的总质量是1.5×10^{54}克，占可见宇宙总质量2×10^{54}克的75%。

氢作为元素的老大是名副其实的，因为太阳等10万亿亿颗恒星都是靠她的聚变核反应而发光的。聚变的结果就产生了老二He（氦）元素。

He元素的原子量是4.003，比他的大姐H重3倍。He民族共有7×10^{76}个He原子，其总质量占可见宇宙总质量的23%。老二还有100多个弟弟妹妹，他们的原子量越来越大，但数目越来越少，加起来的总质量也只占可见宇宙总质量的2%。

笔记栏

现在已经诞生的最后一位元素小弟弟是老118，他在自然界并不存在，是被聪明的人类在1999年用加速器制造出来的，给他取的名字叫Uuo。他的原子量高达293，但数目非常少，只有几个，寿命也非常短，不到一秒钟的百万分之一。在他前面还有三位姐姐—— 113、115和117。她们很怕羞，至今躲在深闺人未识。

元素祖宗中最伟大的民族是老大H和老六C（碳），他们的子子孙孙都性格开朗活泼，善于交际，和N、O、P、S、Cl等结合起来，共同组成一个超级分子大族群，叫作“碳氢化合物及其衍生物”，又被人类简称为“有机化合物”。已被CAS（《美国化学文摘》）登记在案的有机化合物有7400多万种，其中被人类称为“识别的生物分子序列（biosequences）”的有5700余万种。还有1700余万种有机化合物则是人类用人工方法合成的。

我就是生物分子中的一个小精灵，名字叫作DNA（脱氧核糖核酸）。我的双螺旋雕塑像就树立在北京中关村大街上。你们早已认识我了。我和同胞兄弟RNA（核糖核酸）、后辈子侄蛋白质的本领可大了，我们操纵着人类和各种动植物、微生物的创生、遗传、变异和生老病死。

人类把有机化合物以外的物质笼统地叫作无机化合物。被CAS登记在案的无机化合物约有1000万种，其中有的是自然界原有的，有的是由人类人工合成的。所以我们分子共和国共有8400多万个民族，每天平均新增4000~5000种，人口就难以计算了。

我们对人类的贡献可大了，我们创造了各种各样的生物，直到“万物之灵”的人类。人类的衣食住行都离不开我们，可是人类还没有把我们好好组织管理起来。哪一位有创意的分子同学带带头，选出我们自己的班长、校同学会会长、市长、省长，直到分子共和国的总统，你赞成吗？更重要的，我们要制订中长期发展规划，实行优生优育，培养出更多、更好的新兄弟、新姐妹，来满足人类和谐世界发展的需要。

徐光宪

2006年8月

单质一族

笔记栏

微小与简单的魅力
——氢气

我是分子共和国中最简单也最独特的分子。我只由两个氢原子组成，除了自己的两个氢核和两个电子之外似乎就没什么好炫耀的了。外在性质方面也着实简单，除了轻、可以燃烧之外也没什么好说的。但也许正是由于我的简单、幼稚，像一个小孩子一样，也特别容易被大人们管教。同样，也许由于我的单纯，使得只有真正懂得欣赏我的人才能深刻地理解我的内在美。对于这些人来说，我是存在于他们思想中的精灵，一切灵感、化学直觉都可由我而来，一切

美妙的想法也必须通过我的评价才能得到肯定。

笔记栏

1925 年对于物理学来说是光辉的一年，而 1927 年对于化学来说则是革命性的一年。海特勒和伦敦首先利用量子力学通过电子配对成键的思想对我的结构进行了解释，解决了化学的最大难题——化学键的本质问题，这是现代化学发展道路上的一个里程碑。1928 年，鲍林将我的内在性质推广到普遍的化学键，建立了古老的价键理论。而马利肯又从另一角度来分析我的本质，建立了分子轨道理论，使得化学有了自己的理论基础。这些杰出的成果，使得人们对分子的结构有了更深刻、更本质的认识，而这一切都是从我开始的。

通过我，化学家们提出了许多有用而直观的概念，比如共价键和离子键、电负性、电子云密度分析、定域与离域、电子交换等。这些现代化学中十分重要的基本概念，使化学有别于 19 世纪时的老样子。

尽管我简单，但是还没有人敢宣称真正了解我，他们所做到的只是完全地理解了我组成的一部分——单一氢原子的薛定谔方程精确解析解，甚至连氦原子也难以得到精确求解。即便是伟大的狄拉克也仅仅是获得了单一氢原子的相对论方程，要想把它推广到我身上恐怕还没有这个可能。我，这个由两个氢原子组成的分子，完全可以自豪地宣称我就是化学、物理学甚至数学（偏微分方程领域）中的“圣杯”，从这点上说，我比任何其他分子都“高贵”。理论上，谁能真正地寻找到能描述我的精确解，谁就能轻易地得到多电子体系的精确描述，从而打开一扇通往终极科学的大门。到那时，自然界的一切都将变得可以解释，而这在现在看来还是一件遥不可及的事情。

人们对氦的精确解析解的研究，对密度泛函理论最终交换相关泛函的寻找，对量子蒙特卡罗方法的发展，使得我的性质正逐渐被更加精确地解释，而我也愿意帮助乐于创造的人们去进行深入研究，以揭示出分子世界的另一种美——抽象、空灵的美。这就是我想要告诉大家的：最平凡的往往是最高贵、最神圣的。

（李振东）

笔记栏

没有我就没法活——氧气

嘿嘿，我才不像他们那么乖，告诉你我是谁呢！猜一下嘛！

提示 1：大家都爱我，离不开我。（警告你们喔：谁要是不爱我，我就不跟他玩了，憋死他）

提示 2：有好多东西很怕我。

提示 3：人们老把我画成两个胖胖的贴在一起的小球，颇有唐代风韵。

呵呵，猜到了吧？我就是大名鼎鼎的氧气。

我天天在你们校园里横冲直撞，你们干的什么我都知道。我喜欢用自己的生命换取分享别人电子的权利，于是我把铁氧化了，把铜氧化了，还有许许多多其他的东西。你是否看见铁栅栏上绽出了“桃花”？那是我幸福的“笑脸”。

笔记栏

我真的很有用，我都替你佩服我自己。没有我，生物就不能存活。没有我，怎么会有“江南三月，草长莺飞”？甭说莺了，可能连“枯藤老树昏鸦”都没有了。没有我，怎么会有火？怎么会有文明？

别看我平常总是氧化别人，好多人都不喜欢我，可是我是耀眼夺目的。不知道了吧？红宝石就是我和铝哥哥的宝宝，我们珍贵吧？

今天就跟你们侃到这儿吧，该走啦！还有人需要我呢。

（吴琳曦）

注：

在本书中，每个故事的标题旁绘制了一个分子结构图，分子结构图的视角各异。

笔记栏

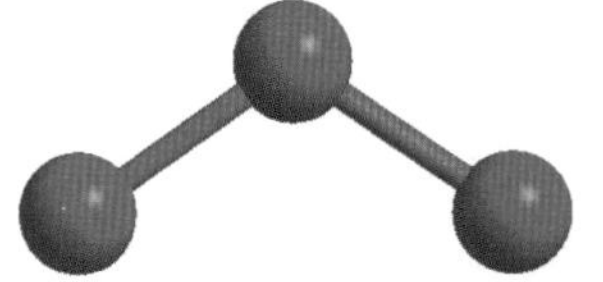

保护人类的卫士
——臭氧

大家好！我的名字叫臭氧。我是庞大的氧系家族中的一分子。我继承了家族纯正的血统，所以我在家族中可是地位显赫啊！

1785 年，德国科学家马隆将空气通过高压电放电设备，获得一种特殊气味的气体，这种气体就是我（$3O_2 \longrightarrow 2O_3$），但是当时的马隆并不知道。

人类真正认识我还是在 150 多年以前。德国化学家舍恩拜因发现，在水电解及火花放电的过程中产生的臭味，与自然界闪电后的气味相同。舍恩拜因根据希腊文“OZEIN”（意为“难闻”），将我命名为“OZONE”（臭氧）。

被称作“臭氧”真是太伤自尊了！其实我本身并不臭，可是当我和兄弟们聚在一起时，有的兄弟不讲卫生，于是产生了异味，害得大家一起“背黑锅”。

笔记栏

所以大家一定要搞好个人卫生，否则同寝室的朋友可要抱怨喽！

我因为氧化性强而在分子共和国备受敬重。我是良好的杀毒剂和漂白剂，可被用来处理自来水、漂白纸张等。对人类剧毒的氰离子，遇到我也要束手就擒（$2CN^- + 5O_3 + H_2O \longrightarrow 5O_2 + 2HCO_3^- + N_2$，$CN^- + O_3 \longrightarrow O_2 + CNO^-$），所以我还被用来处理工业电镀产生的含氰废水。在有机化学上，我氧化碳碳双键为醛、酮，在当今以烯烃为有机合成重要原料的时代，我可是大显身手啊！在分析上，我可以被用来测定碘离子。

另外我还有一样特殊的性质，能够吸收太阳光线中对地球上生物有极大伤害的紫外线（波长180~310纳米）。不过我可要付出生命的代价呀！可以说，我从出生到死亡都是在为人类作贡献（$O^{\star} + O_2 \longrightarrow O_3$，$O_3 \longrightarrow O^{\star} + O_2$），堪称分子共和国里“鞠躬尽瘁，死而后已”的典范。如果要评选“共和国十佳分子奖章”获得者，大家一定要选我啊！

说起我保护人类，我的心中总是充满了悲伤。在离地球表面15~50千米的平流层中，有一个臭氧村，村民们过着平静的生活，直到一大批“恐怖分子”氟利昂挟持炸弹，闯入了村子。一连串的爆炸后产生了我们臭氧的天敌（$CCl_2F_2 \longrightarrow CClF_2 + Cl^{\star}$），手无寸铁的村民们一个接一个地倒下了（$Cl^{\star} + O_3 \longrightarrow ClO^{\star} + O_2$）。后来噩耗传来：南极附近的臭氧村成了千里无人区。最惨烈时，面积足足是美国国土的三倍。

可以说是人类指使了这些恐怖分子，不过人类也因此受到了惩罚。没有我们吸收紫外线，没有我们作为地球的保护伞，在智利、加拿大、澳大利亚，越来越多的人患上了皮肤癌；在青藏高原居住的人们易患白内障。受紫外线侵害

笔记栏

还可能会诱发麻疹、水痘、疟疾、疱疹、真菌病、结核病、麻风病、淋巴瘤。不仅如此，地球上的其他生物也因强烈的紫外线而受到伤害。比如，造成海洋浮游生物及虾、蟹、贝类大量死亡，甚至造成某些生物灭绝；严重阻碍各种农作物和树木的正常生长。

人类终于认识到了自己的错误，1987 年 140 个国家参与签署了《蒙特利尔议定书》，1992 年又通过了《哥本哈根修正案》，就控制可破坏臭氧物质达成协定：工业化国家于 1996 年，发展中国家在 2010 年全面停止氯氟烃的生产。那些可怕的恐怖分子终于被打入地牢，正义再次得到伸张。

经过人类的改过和努力，我们臭氧村渐渐恢复了生气。不过恐怕要到 2050 年，我们才能过上从前那种平静而美好的生活。

就说到这吧，相信你已经了解我了。

该走了，我还要为保护人类去工作呢！

（封格、nova）

笔记栏

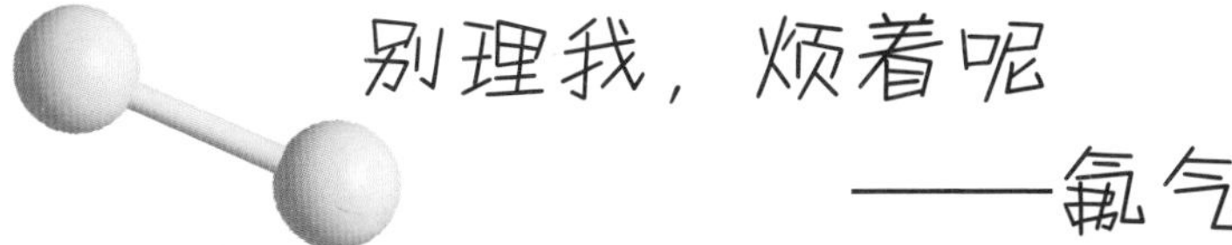

别理我，烦着呢——氟气

大家好，我叫氟气，爱穿一身淡黄色的衣服，平时都是以双原子的形式存在的。我有三个弟弟：氯、溴、碘。科学家为了得到我费了很大的力气，从发现我到把我分离出来前前后后经过 200 多年呢。

我来到这个世界上，就拥有了无穷的力量。人们用“毁灭”这个词给我命名，而且只能把我限制在铜、镍、镁或其合金做成的容器“牢笼”里面。论“抢夺”电子的能力，谁也比不过我。看到有富余电子的兄弟，我肯定会把他的电子“强抢”过来；即使那些不富余电子的兄弟，我也要和他“抢一抢”，最终结果当然是我胜利。就连元素世界里面公认的“呆瓜”一族——惰性气体，也有很多小兄弟被我“抢”过电子，比如氙，能和我形成至少三种化合物（二氟化氙、四氟化氙、六氟化氙）呢！

当然，我也有妥协的时候。比如说，我们家里的那三个兄弟，我不好意思和他们明着“抢”电子，只好大家一起用，但电子都是靠近我这边的。我

笔记栏

和小弟弟 I_2（碘）在自然界中都只有一种同位素，我的二弟和三弟都有两种同位素。我在家里是大哥，大哥当然要有与众不同的地方。三个兄弟都和银离子妹妹很“来电”，碰到就沉淀，而且越小越没出息，少少一点就全部沉下去了，而我就没事，再多的银离子我也纹丝不动。我要是和谁干一场架，那必然热血沸腾，放出大量的热，有的科学家还想利用我这个特点制造火箭燃料呢。

最后和大家说一声，别碰我啊！最好离我远点，我脾气不好，说爆就爆，而且还有毒。我是一种原生质的毒物，进入体内后就会破坏细胞壁，影响到体内很多酶的活性。当初科学家为了得到我，有好多人献出了自己的生命。法国著名化学家穆瓦桑一直致力于研究分离我的方法，他最后用电解氟化砷、氟化磷和少量氟化钾混合物的方法终于获得成功。穆瓦桑在 1907 年，即获得诺贝尔奖之后的第二年，就因为长期和我接触而与世长辞，年仅 55 岁。

（程强）

笔记栏

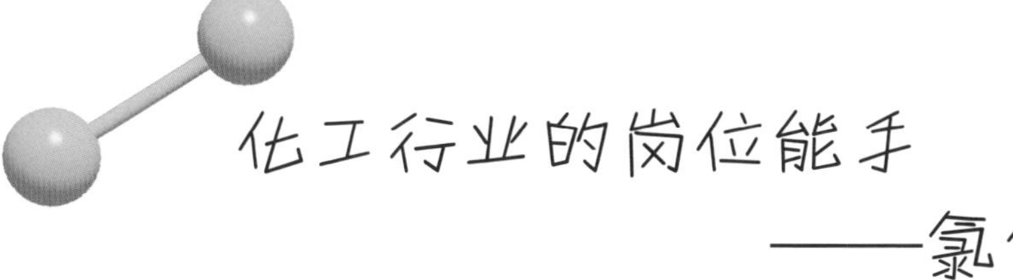

化工行业的岗位能手——氯气

大家好，我是氟气的弟弟。什么，你竟敢读错我的名字？！我叫氯（lǜ）气，就是“绿色的气”的意思。

我跟大哥一样，都会拉电子。可惜力量有别，我的力量比大哥差了一截。大哥可以“抢”走水的电子，我不能。但尺有所短，寸有所长，在水溶液中我的作用就很大了，能够有效地氧化很多分子和离子。而且，我的储存条件也不像大哥那么严苛，可以加压以液体形态存放在钢瓶中。点燃的条件下我还是能和很多金属反应的，像铜、铁什么的；当然钠也可以，只不过人们嫌这个反应成本太高，不让我这么反应。有的时候大哥也和我拉拉电子玩，可是他力气太大了，虽说那电子最后是共用了，但还是偏向他那一边。我还可以变成正价态的，加点碱我就歧化了……

人类发现我，比发现我哥早了 100 多年呢。话说 18 世纪舍勒无意间用二氧化锰和浓盐酸使我见了天日，从此这方法

笔记栏

便一直流传到现在。工业上人们用电解饱和食盐水的方法制取我，呵呵，这个方法比较便宜吧。

其实，我的用途还是很广泛的，要不人们怎么那么大规模地制造我呢！我本身可以用来消毒，只要把我充进水里就可以了。把我通到碱里，也可以作为消毒液，著名的 84 消毒液就是我和氢氧化钠的产物，更著名的漂白粉是我和氢氧化钙的产物。我还可以和很多有机物作用，是个加成、取代双面手，化工生产中少不了我呢！

然而提醒大家，消毒剂可都是毒物。第一次世界大战时我把英法联军呛得够呛。我曾经目睹过很多次工厂爆炸，我在天上飞，人们迅速背向我向高处跑开的场景；我还经历过压力突然减小的情形，我舒展身体，从液体变成气体，从钢瓶的小缝中逃走，然后看到满城都是忙碌的救护车……所以人们啊，要小心用我啊！

好，今天我就说到这儿，有机会再见吧。（一头扎进溴化钠溶液中）

（burea）

笔记栏

棕色幽灵——溴

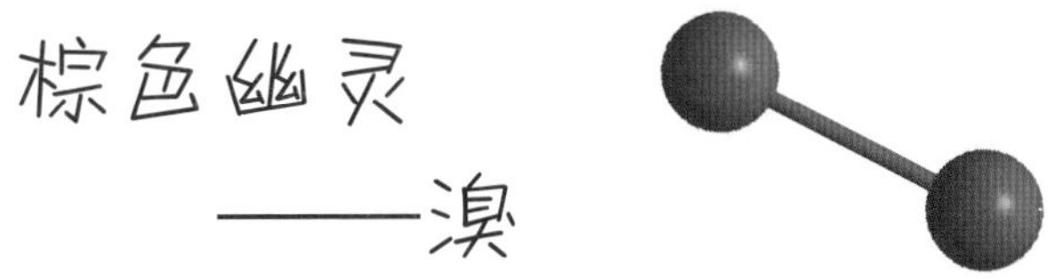

我的名字很好记——溴。先声明我可一点也不“臭”啊！另外我的名字可是有三点水的，因为我是常温常压下唯一的液态非金属单质。

科学家们是在发现我弟弟碘之后才发现我的。讲起我的被发现，有一个很戏剧性的故事。当时的科学家们已经知道了我的二哥氯和小弟碘，1822 年著名化学家李比希曾经得到一瓶棕红色的液体，但他只是简单地看了看，就认为是氯化碘。现在你们都知道那就是我啊！一个发现我的好机会就这样和李比希擦肩而过，于是我在柜子中度过了冷冷清清的四年。终于当我被另外的科学家

笔记栏

发现后，柜子被打开了，李比希激动而又痛心，为了告诫自己，他把装我的柜子命名为“错误之柜”。这件事带给科学工作者们很大启示：凡事不能轻易得出结论。虽然被埋没了四年，但我不遗憾。

如果我们的分子足够多，你可以在溶液中看到美妙的分层，下层棕红色当然是纯的我们，上层橙红色是被水分子拥抱的我们。多情的水分子不光拆开了我们溴分子之间的作用，还把我和她自己分为两半，牵起手双双结合成两种酸（$Br_2+H_2O \longrightarrow HBr+HBrO$）。不过我还是很向往大哥、二哥的来去自由，所以我很易挥发（沸点 58.78℃）哦！科学家们在实验室用水封法保存我，减少挥发。有位同学说分子共和国为什么都是些脾气暴烈的公民，其实我还是很和善的，至少我没有大哥、二哥那样一动就怒的毛病。像水，我就拿她们没办法。呵呵，我深知以我的抢电子能力，还是可以欺负欺负小弟弟碘的。但是，如果他喊来亲戚 IO_3^-，那就轮到我被欺负了。（标准电极电势 $IO_3^-/I_2 > Br_2$，$Br^- > I_2/I^-$）

自然界中没有我，只有我的单原子离子。人们向成吨成吨的海水中通入二哥氯气，用空气流把我的蒸气带出，你知道我易挥发嘛！随后，调皮的我被碳酸钠老爷爷收服、吸收、歧化，安静地富集下来。束缚在碱中的我，某天终于等到大侠硫酸出手，让我重新回到我的本来面目。（从海水中提取溴：$2Br^-+Cl_2 \longrightarrow Br_2+2Cl^-$，$3Br_2+3CO_3^{2-} \longrightarrow 3CO_2+5Br^-+BrO_3^-$，$3Br^-+BrO_3^-+6H^+ \longrightarrow 2Br_2+3H_2O$）

说到用途，很惭愧，我确实不能和我的几个兄弟比，可这也不能全赖我啊，毕竟人们发现我要比他们晚。我常常被用作制备的原料，比如制造染料、照相底片上的 AgBr 等时候，人们就会用上我了。

不过啊，使用我的时候一定要小心咯！千万不要让我碰上你们的皮肤，尤其是眼睛，会产生严重灼伤的。希望你们能了解我的脾气，正确地使用我。

呵呵，最后问一下你们，注意到我和我的兄弟们的颜色变化了吗？从深到浅，呵呵，知道是为什么吗？让我弟弟碘来说说吧。

（任臻）

笔记栏

傲视群雄
——碘

夫英雄者何所为？以造福苍生是为己任。

卤族五雄之碘傲视群雄，本派的口号是：让大脖子病远离人间。

本派碘与氟、氯、溴、砹分占五岳，虽师出同门，同为卤族，帮派之争却时有发生。逍遥派之氟为所欲为，仰仗自己的独门超强氧化性为非作歹，令江湖同道敢怒不敢言。近日竟与氯伙同代烷企图破坏臭氧层（氟氯烷烃催化臭氧分解，破坏臭氧层），是可忍，孰不可忍！霸道派氯与溴也是本派之两大对手，每年比武大会上，即使本派使出超级氧化霹雳掌侥幸胜出，也会被他们的迷你氧化泡泡拳打回原形。更不堪者，还可能逼迫本派以碘酸根的形式仓皇逃生（氯能将碘离子氧化成碘酸根，溴能将碘离子氧化成碘单质）。那状况，岂一个惨字了得？不过，每次遇到铁兄弟需要使用二价超强、巨强乃至暴强之力，便须本派出手相助，其他各派只能越帮越忙（氯、溴均能氧化亚铁离子，碘不会）。本派与水派结怨甚久，虽不像水火之不相容，每次见面却也会

笔记栏

冷脸相对（碘在水中溶解性不好）。遇到非见面不可时，本派便会与碘离子携手（碘与碘离子结合成直线型 I_3^- 离子），说也奇怪，每到此时，水派总会笑脸相迎（碘易溶于碘离子溶液）。水派对五岳似有宿怨，故万不得已时，只有本派出手，才能化解一场场武林风波。

说到比武大会，不得不提到有机派。吾派与有机派联手，便会使出乾坤五彩缤纷之力，搞得其他帮派眼花缭乱，辨不出我们的真实面目（碘在有机物中颜色各异，与在水中不同）。此招的口诀是：相似相溶，人我合一！

但每当本派叱咤风云，有望问鼎盟主之位时，便会碰到最令本派胆寒的酸派和碱派。本派即使以再牢固的阵形与碱派相对，也会被其冲破，最后不得不逃走，溃不成军；而酸派却相反，本派遇到他们便束手就擒。因此，本派每次是望酸碱而逃（碘遇碱歧化为碘离子和碘酸根离子，再遇酸则形成碘）。盟主之位，只能来日再求，正所谓“留得青山在，不怕没柴烧”。

本派虽受屈辱多年，在江湖上声望却很高，人人敬重。本派与酒精派一度联手干掉多种江湖细菌败类，以净化武林，同道中人纷纷拍手称快（碘酒有杀菌效果），唯有淀粉派似有不快，与本派一遇便以蓝衣相对，实不知其深意何在（碘遇直链淀粉显蓝色，且十分灵敏）。本派对江湖最大的贡献就是消除了人类顽疾之一——大脖子病。现今，本派还以盟主姿态出现于人类所必需之盐中，造福苍生。

本派立于至今，虽不可说为天下之第一大派，却也是武林之元老派。细思本派成功原因，实归于内部团结。氯、溴派内部强权者甚多，导致内部经常发生电子得失之风波。强者“抢”得电子以负离子形式存在，弱者则忍屈受辱以正态存生，两者水火不相容。而本帮则不然，本帮向来以团结著称，此优良风范避免了几百年前震惊武林的“苯衍生”事件：很久很久以前，有一个“花心”的帮派叫作苯，为了帮派的延续，他们四处招摇，网罗被电子吸引的各派美女。然而当苯把罪恶的黑手伸向卤族之时，不料氟老大威力甚猛，将此采花贼当场打成一堆炭黑，粉身碎骨，所以苯帮再不敢踏足氟派（氟氧化性极强，与烃类剧烈反应，能将苯碳化）。砹派中女流甚少，质量也不高，所以苯

笔记栏

帮也未打其主意。这样一来，便只有氯、溴、碘这三大帮派被列入考虑名单。溴、氯帮当然是乱作一团。其实卤族所畏惧的并非是区区苯帮，只是这个苯拉来了三价铁媒婆。可别小瞧这个女流之辈，当今世上的卤苯系列几乎都是她催化出来的。三价铁媒婆在混入卤族之后，就俘虏了那些自以为强者的卤负离子，结合为三卤化铁，然后利用卤负离子威逼柔弱的卤正离子与苯结合，从而使这些卤正离子从此从卤族中脱离出去。在这种可谓帮派灭顶之灾面前，唯有我碘派临危不乱，处变不惊，团结一致，才使得我派没有一位弟子被三价铁媒婆催化而终生被束缚在邪恶的苯帮身上，成为其奴隶（氯、溴可在 Fe 催化下与苯反应，机理是 $FeX_3 + X_2 \longrightarrow FeX_4^- + X^+$，$X^+$进攻苯环；碘不能发生此反应）。

本派乃光明正大之派，是真正的武林大家，以造福天下为己任，愿武林同道今后多支持本派的正义事业，共建和谐分子武林。

（刘君、崔绍巍）

笔记栏

变化与选择
——磷

不大的正四面体身躯，又是单质小分子，一猜就是我了。不错，我就是白磷。

虽然我和氮气、砷、锑、铋是同族，但长相却完全不一样。氮气外形像是花生，而其他几个又都是很大的晶体，只有我是四面体的，像个小粽子，这小巧独特的样子也决定了我的性格。

我生性活泼，耐不住寂寞，天气稍稍热一点就去和氧气玩了，所以人们经常把我关在水里，不让我与空气接触。但是水又怎么能隔开我和外界呢？氧气照样跑进水里来和我玩。也许是因为我本来就是有剧毒的吧，这样一来我周围的水也变得有毒了。我还造成过很多次火灾，记得最初拿我制造火柴时还烧掉了一个倒霉蛋的屁股。人们都不喜欢我，说我是小恶魔。

笔记栏

我决定改变。我找到了季戊四醇爷爷，他摸摸我的头说："我也不劝你了，反正你也可以……"按他所说的，我来到了一个地方，这里除了平时见到的光亮外，还有一种射线照得我浑身痒痒的，慢慢地我感到自己的身体在舒展，一些变化正在悄悄地发生。

当我醒来时，发现自己完全变了，颜色变成了暗红色，长相也变得和砷他们有点像。这时氧气又跑来了，但我发现自己已经没兴趣跟她玩了。改头换面的我叫红磷，没有毒了，也不会轻易造成火灾，人们不怎么讨厌我了，把我用在一些地方，比如火柴头什么的（还是火柴），但喜欢我的人也没有多起来。我整天懒洋洋的，心里常常想起年少顽皮时与氧气玩的情景。

后来，有一天我又碰到了季戊四醇爷爷，听他讲起分子共和国的很多趣事，说着大家的改变。他见我闷闷不乐的，于是问我是不是后悔当初的决定了。我点点头，又摇摇头。我怀念少不更事时天天玩耍的快乐日子，但也不想回到被人厌恶的境地中去，我的心中充满了矛盾。

季戊四醇爷爷摸摸我的头，就像当初一样："当时的话我没有说完，其实你还是可以变回去的，而且也不难，这可能也是你这孩子让人羡慕的地方吧。不过当时我没有告诉你，因为我觉得有些事情还是要经历一下的……"

笔记栏

听了他的话，我心里突然有一种喜悦和激动的感觉，这种感觉好久都不曾有了。迫不及待地，我来到了另一个地方。这里很热，我感觉自己慢慢地变得虚无，升到了空中……突然，周围变冷，我感到自己在急速地下坠，虽然不是很害怕，但我还是闭上了眼睛。

当我再睁开眼睛时，一种久违的感觉回到了身上，再看看自己，真的又变回了原来对称完美的样子。我感到自己又变得精力充沛，还很好动了，看到不远处氧气正经过，我急不可耐地招呼起她来……

再后来，我就经常以多种形态存在着，因为还加上了另一种形态——黑磷。这样我的用处也多起来：有毒易燃时可以作杀鼠剂、烟幕弹，红色时却能作阻燃剂……我也不介意别人怎么看待了，因为这是我的性质，我无法改变，只要利用得当，总是能趋利避害的。时不时地，我又想起季戊四醇爷爷的话——有些事总是要经历的。我又能轻易地变来变去，不受时间的影响，而大千世界里的芸芸众生，他们的改变却不是能轻易反悔和逆转的，所以对于他们来说，改变或者选择才是真正值得好好思量的。

（Hawl）

笔记栏

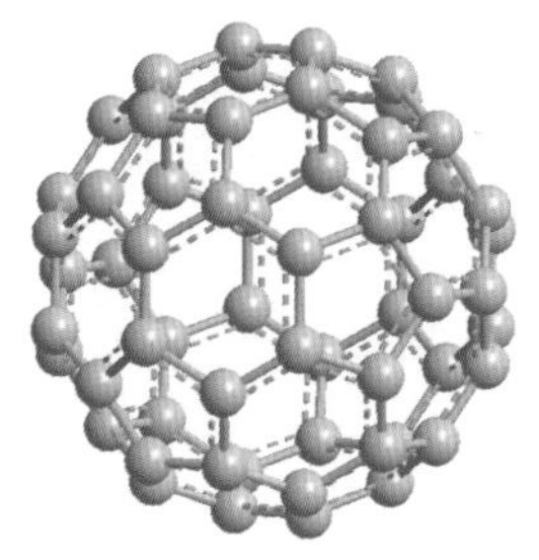

科学界的足球梦想——C_{60}

大家好，我是来自分子共和国的碳家族的一个成员，我的名字叫 C_{60}。你们一定已经熟知我的两位哥哥——金刚石和石墨了，他们两位生性稳重矜持，轻易不与共和国的其他公民打交道。而我则不同，我不但身材小巧，讨人喜爱，而且喜欢出去游玩。我在太空中旅行的时候，结识了很多星际分子朋友。其实他们是我的远亲，他们是碳链，而我是碳簇。

我已经记不清我来地球的准确时间了，也许是几亿年以前，也许更早。时间很快到了 20 世纪。有一次，我在德国看德甲联赛的时候，突然发现他们玩的足球原来跟我的结构是一样的。足球上有 12 个五元环和 20 个六元环，如果把足球的 60 个顶点换成 60 个碳原子的话，那就是我了。同样是看到了足球的结构，日本人大泽在 1971 年提出了我的分子结构，并通过理论计算证明我在能量上是稳定的。在此之后的一段时间，一些有机化学家希望通过化学的方法来合成我，可惜都没有成功。

当时，一些天体物理学家正致力于研究太空分子，比如

笔记栏

我下面将要提到的德国的克雷奇默和英国的克罗托。他们感兴趣的是碳链分子，他们做实验的初衷也是希望合成碳链分子。

1983 年，克雷奇默在实验室中给两个石墨电极通上电流，在耀眼的火花和几千摄氏度的高温下，我被人工合成了！在他们拿到的光谱图上，我给出了我存在的证据，可是这对他们来说还是太难理解了。他们推测我给出的信号可能来自碳链分子。在眼巴巴地看着他们把我搁置一旁不再理会的时候，我才深切地体会到了什么叫“有缘千里来相会，无缘对面不相识”。

1985 年，克罗托来到美国赖斯大学化学家斯莫利的实验室作访问。他希望利用斯莫利的仪器，通过激光蒸发石墨的方法来合成 HCC… CCN 分子（中间有 33 个 C），却意外地在质谱图上发现了我的信号。他们知道我是一种由 60 个碳原子组成的分子，具体是什么样的结构却使他们感到迷惑。克罗托不仅是一位天体物理学家，他还对美术和建筑感兴趣。在意识到我可能具有三维结构以后，他想起了著名建筑师富勒设计的球形建筑和他的小孩玩的三维拼图。斯莫利连夜用纸片剪出了一些五元环和六元环，发现 12 个五元环和 20 个六元环可以拼成一个三维封闭结构，并且刚好有 60 个顶点！第二天一早，斯莫利等人就这种结构向赖斯大学数学系主任请教，这位系主任说：“孩子们，你们发现的就是一个足球啊！”很快，克罗托和斯莫利将他们的发现发表在了《自然》杂志上，为了纪念给予他们灵感的富勒，他们将我命名为“富勒烯”。

其实，我们富勒烯家族除了我以外还有很多成员，比较稳定的有 C_{70}、C_{76}、C_{78}、C_{80} 等。我们的结构中都含有 12 个五元环。在数学上可以证明，只由一些六元环是不能构成三维封闭结构的。比如我的二哥石墨，他完全由六元环组成，具有一层一层的平面结构。五元环的存在，可以使平面结构发生弯曲。想象一下，在一个五元环周围连上五个六元环，使五元环和六元环共边相连，并且使相邻的六元环也共边相连的话，这几个六元环是要弯起来的，像是一个碗状的结构。这个原理在日常生活中也有体现。不知你们是否见过一种用细竹条编的篮子，它的底和帮是由很多个六元环组成的，而底和帮相连也就是需要弯曲的部分，则有一个五元环。

笔记栏

在我们这些常见的富勒烯家族成员的结构中，还有一个规律，就是五元环之间各不相连，或者说五元环都是被六元环隔开的，这被称为“独立五元环”规则（简称 IPR 规则）。当两个五元环直接相连时，因为张力太大而不稳定。我 C_{60} 是满足 IPR 规则的最小的富勒烯，比我更小的富勒烯如 C_{50}、C_{36} 等，目前只能在气相实验中被观测到，而不能被宏观量合成。

克罗托等人的论文在《自然》杂志上发表以后，人们又在几亿年前的地层中发现了我的存在，并且检测到了从太空中传来的我的信号。但是在克罗托等人的实验完成之后三四年的时间里，关于我的研究一直没有取得很大的进展。这是因为用他们的方法得到的产物中我的含量实在是太少了。

让我们再回到曾经与我擦肩而过的克雷奇默。在 1983 年与他一同做实验的还有一个人，这个人叫赫夫曼。赫夫曼在读到克罗托等人的论文时，才意识到他们当时得到的质谱图可能也与我有关。他与克雷奇默重复了以前的实验。这一次没有出乎他们的意料，他们确定了在产物中的确有我的存在，并且产量很大。我的命运又一次与他们紧紧联系到了一起，真是“有情人终成眷属”！

下面我对我们富勒烯的化学性质和应用作一下简要介绍。

首先，我们容易获得电子形成负离子。例如，我可以和碱金属反应生成离子化合物。我和钾反应的产物中有 K_3C_{60}，钾是正离子，我带三个负电荷。不要小看这个不起眼的化合物，他可是具有超导性，是富勒烯类超导体中的大师兄。可惜的是他在空气中是不稳定的，这是目前研究中面临的一个难题。我和

笔记栏

钾反应的另一种产物 K_6C_{60} 则是绝缘体，我在其中带六个负电荷。这两种化合物在导电性上的差异是由于电子排布的不同造成的。当我带三个负电荷时，有三个电子是单电子；而当我带六个负电荷时，所有电子都是配对的，没有电子能参与电荷的传递。

另一方面，在我们的碳笼的外面可以通过共价键连接上一些基团。例如，我跟氟气反应可以形成 $C_{60}F_{60}$，在每一个碳原子上均连接了一个氟原子。$C_{60}F_{60}$ 是一种耐高温的固体润滑剂。我们富勒烯自身是不溶于水的，但是在修饰一些亲水基团之后，就可以进行生物活性方面的研究。一些富勒烯的衍生物可以跟生物体内的与疾病有关的蛋白质、DNA、自由基等作用，所以将来有望用作药物。比如有一种含有 6 个羧基（—COOH）的我的衍生物，可以用来治疗阿尔茨海默病等疾病，目前已经进入临床研究阶段。另外我作为电子受体，在连上一个电子给体之后，可以用作光电转换材料，常用的与我结合的物质有卟啉类分子和共轭聚合物等。这类光电材料可以用作太阳能电池，在光电转换效率方面已经取得了令人鼓舞的结果。

再有一点，你们也许已经注意到了，在我们富勒烯的内部是一个空腔。那么能不能在这个空腔内放入一些其他物质呢？答案是肯定的。俗话说“有容乃大”，从碱金属、碱土金属，到过渡金属，再到一部分非金属，甚至稀有气体，我都可以把他们包进去，包了之后的新结构被称为富勒烯包合物。由于可以包的物质种类很多，所以包合物的性质也非常丰富。例如，活泼的氮原子在

笔记栏

被我“囚禁”在笼内以后，会稳定地以原子状态存在，这在结构及性质上都是值得研究的；稀土元素钆的包合物可以用作医学上的核磁共振造影剂，与传统的造影剂比较，他的灵敏度更高，并且钆可以稳定地存在于富勒烯内部，不会释放出来与细胞接触而引起中毒；包有放射性原子的包合物可以用作示踪剂，在医疗上有重要的应用价值等。目前合成包合物最常用的方法跟合成富勒烯的方法基本相似，就是让石墨和被包的物质同时蒸发，在有富勒烯生成的同时也有包合物的生成。再有一种比较暴力的方法，就是直接把要包的物质打入我们体内。聪明的化学家们后来发明了一种更加温柔的方法——分子手术，他们先用“手术刀”在我的身体上开一个口，然后放进去别的物质，再把开口“缝”上，这样就非常巧妙地做成了包合物。2005 年，日本的小松等人利用这种方法成功地在我体内放入了一个氢分子。

前面我介绍过 IPR 规则，富勒烯家族大部分成员都满足这个规则。但是在碳笼外进行修饰或者在笼内包入别的物质，能够使五元环相连产生的张力得到释放，从而能形成不符合 IPR 规则的结构。

经过我以上的介绍，对我们富勒烯家族有了一些了解了吧？我感觉到，很多科学家不但研究做得好，而且在研究中体现出很高的艺术修养。希望他们能做出更多更好的作品，也希望我们与人类的关系越来越密切。

（王志永）

笔记栏

失窃的龙皇之冠
——硫

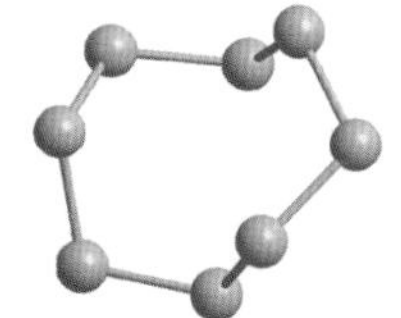

朔风，狠狠切割着龟裂的大地；火焰，在黑龙王沃尔夫加庞大而黝黑的躯体下蒸腾。空气中逐渐弥漫的刺鼻的气息令人欲呕。沃尔夫加站在龙神之堡的顶端，沉默着，垂下巨大的头颅，冷冷扫视着分子共和国北方护城河的外围。护城河外尸横遍野，钢铁盔甲和不死族残破的肢体犬牙交错。念及部族越来越惨重的伤亡，他不由得长出一口气，凛冽的龙息喷射而出，却只将飘过的几片枯叶化成灰烬。

自从龙皇之冠被掠走之后，龙族的资源支撑便一日不如一日，许多幼龙已然无法喷出致命的龙息火焰，战力大不如前。这一次被不死族破城，只怕……

龙皇之冠，呈四角形，四上四下，形容奇特。它是神赋予龙族的宝物。供奉龙皇之冠，便可以使龙族源源不断地获得他们本命的元素——硫。

硫，天然生于单质硫、硫化物、硫酸盐矿床和其他硫的化合物中；既可以通过天然硫矿石的熔融，也可以通过焦炭灼烧黄铁矿获得。进一步提纯，在火焰腾起的那一刹那，硫化为淡黄色的

笔记栏

蒸气，而后再度凝结成微黄的晶体，便是升华硫。

龙皇之冠，仿照天然斜方 / 单斜硫的分子结构制得，即 S_8 分子。8 个硫均以 sp^3 杂化，成两键而合环。然而，硫的结构绝不止这一种，正如龙族，除了主宰死亡的黑龙，还有主宰生命的绿龙、主宰战争的红龙等。

S_8 分子在加热时便会断裂而聚合成长链，此时若以冰水锻铸，便成为可延展、可拉伸的弹性硫。若再度承受高温，也可断为 S_6、S_3、S_2 等更小的分子。更加不可思议的是，不同温区冷凝得到的硫，竟然呈现不同的颜色。在液氮表面，硫蒸气的冷却，会得到紫色的结晶。超过 100℃的液态硫蒸发，再度凝结就可以得到幽暗的绿色。

硫是龙族的命脉，单是用于制造魔法卷轴的纸张、用于喷射龙息的燃材就已经消耗惊人；而龙族赖以生存的饮品——硫酸，更是硫主要的消耗渠道。也正因如此，当龙皇之冠被不死族掠走之后，龙族再不能源源不断地从硫矿床中得到生命和战争所必需的支持资源，战线节节溃退。

一念及此，黑龙王沃尔夫加的目光再度变得犀利。他知道，自己必须将龙皇之冠找回来，才能守住分子共和国的北方防线。

战争，仍将继续。

（张中岳）

笔记栏

最后的单身贵族——稀有气体

据分子共和国中央情报局最高机密 X 档案记载：18 世纪后期至 19 世纪中期，有一个名叫“稀有气体”的六人团伙被发现出没于分子共和国境内。他们好吃懒做，成天漫游在空气中，不进行化学反应。于是，分子共和国最高检察院对他们提起了公诉，经最高法院审理，判他们受高温高压之苦。没想到六人依然保持沉默，功力了得，无论用何办法，都撬不开他们的嘴巴。法官见势不妙，召来了六人的发现者拉姆齐。

笔记栏

法官：拉姆齐，你怎么把这么一帮人拉来我们分子共和国啊？

拉姆齐：尊敬的法官大人，其实他们早就存在于我们的大气之中。有一天我为空气中的氮气兄弟测体重时，突然发现测出来的体重与标准体重在第三位小数上有细微差别，对于我这么一个有职业道德素养的分子医生，怎么能放过这种病症呢？于是，我动用了祖传秘方——“寒冰掌”，想搞清病因。没想到在不同的寒冰功力之下，那六位老兄就一个个地耐受不了了，逐个冻成液体而被揪出来了。

法官：那他们都叫什么名字？我看他们都好像是一个模子里刻出来的。六个人上庭时，把我搞得晕头转向的。

拉姆齐：这简单，从大小就可以比较出来了，排行越小的越胖。你看那最胖的老六，平时没什么爱好，就喜欢玩放射性，所以叫他“Radon”（氡），意为“发光”；老五走路遇见其他分子都不打招呼，形同陌路，所以命名为“Xenon”（氙），即“陌生人”之意；老四老是跟我玩捉迷藏，为了找他我可费了不少劲，所以给他“隐藏”荣誉勋章——“Krypton”（氪），以资鼓励；我第一个找到的就是老三，发现他极其懒惰，于是封以“懒惰者”之名——“Argon”（氩）；老二代表他们一伙领了一个“新奇”的名字——“Neon”（氖）；最牛的还是他们老大，游手好闲地去太阳上度假，有人就从太阳吸收光谱上看到了他的踪迹，他获得“太阳”之名——“Helium”（氦），当之无愧。

法官：哦！明白了。那为什么他们都那么懒，我搬出“分子共和国十大酷刑”之首——高温高压，都拿他们没办法呢？

拉姆齐：法官大人，这就是您有所不知了。其实他们都出身豪门，历代都是皇亲国戚。前些天，我翻查他们的家谱——元素周期表。据史官 D.I. 门捷列夫考证，除了氦老大，他们每个都身背“天煞八电子”这种完美结构，个个都是无欲无求，所以不会起化学反应。更别说他们老大氦，身怀所有分子都梦寐以求的“乾坤二星”结构，当然不会和那些普通元素联姻，降低身份嘛！

法官：这下麻烦了，原来我有眼不识泰山，怪不得他们个个都这么神气。但“国有国法，家有家规”，请上具有分子共和国特色的“龙头闸”——元素

笔记栏

毁灭炮（超高温核聚变炼丹炉）。

拉姆齐：且慢，其实他们虽有错，但罪不至死。我有一计，可化干戈为玉帛，化腐朽为神奇。我发现他们六人都有一大特点：放入放电管中，一经激发，顿时便流光溢彩。最近听说市政部门想建“不夜城”，不如您把他们发配到灯管中，作霓虹灯，岂不人尽其才？

法官：此计甚妙！妙哉妙哉！

……

就这样，拉姆齐不仅是这六人的发现者，还成了他们的“救命恩人”。

（叶钦达）

无机城市

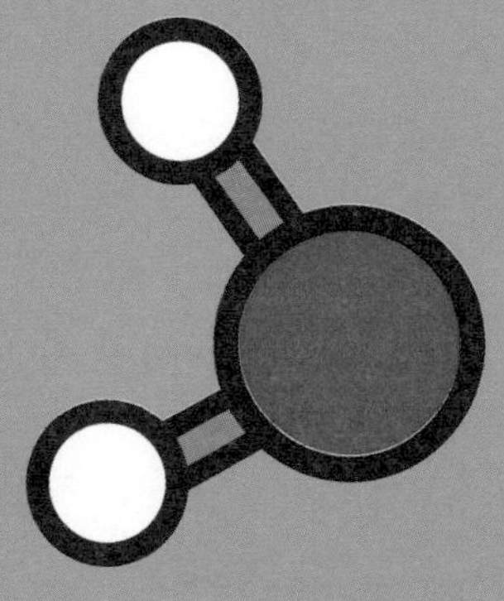

笔记栏

氢和氟之间的热恋
——氟化氢

当氢还是氢分子的时候，她和自己的姐妹们手拉着手，自由自在地飞翔着，是那么无忧无虑。直到有一天，她见到了氟。他们那一家总是那么活泼热情，连氙那样的孤僻者也会和他成为朋友。她远远地望着他，被深深地吸引了，“希望有一天我们能在一起吧！”

她和他终于相遇了，那一刻，他们之间强烈的吸引力瞬间产生了灿烂的火花，连周围冰冷黑暗的环境也被他们照亮了，变得温暖起来。他们紧紧地拉着手，他对她说，我们会一直这样手拉着手，永不分离。那一刻她觉得，天地都

笔记栏

从身边消失了，幸福充满了她的心。（氢和氟在暗处也能发生爆炸反应生成氟化氢）

他们结合得那么牢固，几千摄氏度的高温也不会让他们分开。他们常在空中飞翔，有时也会进入水中，那里有她的很多姐妹，同样都是极性的组合。她会去找她的好朋友氧姐姐玩一会儿，但不久还是会回到氟的身边。（氟化氢是氢卤酸中唯一的弱酸，$HF + H_2O \longrightarrow H_3O^+ + F^-$）

他们在玻璃上刻下他们的名字和许多美丽的图画，这可是只有他们一起才能做到的。可是也正因为这样，他们没法和其他分子一样住在透明的玻璃房子里。（HF 可以用来腐蚀玻璃，$SiO_2 + 6HF \longrightarrow H_2SiF_6 + 2H_2O$）

她知道，作为一个氢原子，和他在一起是她所能形成的最牢固的化学键了。她现在感到很幸运。可是未来会怎样呢？还有很多自然的规则她不知道。

在她又一次去找氧姐姐玩时，氧姐姐突然问她说："你很幸福吧，你相信现在的幸福吗？"

"是啊！"她为这句话感到奇怪。

"可你应该记住，幸福从来不会是平等的，更不会是永恒的！"

她没有去想这句话的含义，在她装满了甜蜜的心里，又怎么会装下这样一句话呢？她还是回到了他身边，只觉得日子还是像从前一样地过。

直到有一天，他们遇到了钠。她高兴地向这个同族的姐妹打招呼，可是，当他们靠近时，却发生了她从未想过的事。钠抛开自己的一个电子，代替了她本来的位置，而她只能带着一个属于她的电子离开。灿烂的火花一如从前，可这一次温暖不是属于她的。这时，很多她从前没有想明白的事，才一下子变得清晰起来。

她是不能把自己唯一的电子交出来的，这是她作为非金属的本性，可太多的金属可以做到这一点。离子间的吸引，是共用电子无法相比的强大结合力。她只知道没有其他的非金属可以置换她，可是忘记了能置换她的金属却有那么多。（活泼金属均能置换 HF 中的 H，$2M + 2nHF \longrightarrow 2MF_n + nH_2$）

"幸福不会是平等的！"她想起了这句话。可她到现在才明白，是不是太

笔记栏

晚了？如果能明白得早一点，是不是也就不会像今天这么伤心？

她孤独地游离着，再也不会像遇到他之前那样无忧无虑了。而生性热情的他肯定是不会孤单的，他还会记得她吗？

“我的氢妹妹，你不会孤单的，因为还有我呀！”

点点水珠是她的眼泪吧，“氧姐姐，我终于明白了。”

“也许我本该早告诉你的，我们是周期大楼里的邻居，我对他又怎么会不清楚？可我没法说他什么，自然的法则谁也没能力改变。别再牵挂了，好吗？”

现在，她是许许多多水分子中一个小小的组成部分。作为最常用的溶剂，她见到了很多酸、碱、盐，当然也遇到了氟化钠。

她有时还是会离开氧姐姐，去和他跳一段双人舞，仍旧是相似的场景，但绝不会久（氟离子的水解：$F^{-}+H_2O \longrightarrow HF+OH^{-}$）。这既是因为受自然法则所限，也是因为她不可能也没必要去找回从前的时光了。

“他果然不记得我了。”她叹息，可时间已经过去这么久了，曾经的一切，也都变得淡了许多。

（Hydrogen）

笔记栏

No？Yes！——一氧化氮

大家好，我是一氧化氮分子，是由一个氧原子和一个氮原子手牵手形成的。化学家汉弗莱在研究我的兄弟笑气（一氧化二氮）时发现了我。我和我的兄弟们一样很好动（当然还是赶不上二氧化氮和三氧化二氮他们），水分子、二氧化碳分子他们就不好动。那次去找水分子玩，她说："有什么好玩的，老老实实待在那吧。"就把我撵走了。真的很奇怪，二氧化氮为什么和她玩得那么好……

虽然我不像水和二氧化碳那么引人注意，但是也是无处不在的。我诞生在闪电的弧光中，强大的能量造就了我；我诞生在细胞内，精氨酸和 NOS（一氧化氮合酶）是我的父母；我诞生在汽油机的气缸中，从点点火花中跳了出来；我诞生在铂铑合金表面，氧气和氨气的风云际会使我大量产生。我游走在天地间，自由自在地生活，参加各种各样的活动。

近年来，我背上了各式各样的骂名：破坏臭氧层，制造光化学烟雾，抑制血红蛋白，制造酸雨……我真是冤枉啊！本来我在大气中无私地牺牲自己，变成硝酸盐被植物吸收，却被说成制造酸雨；本来我很少出现在地面上，有人非把我聚在那里，强迫我把氧分子变成臭氧分

笔记栏

子；我在人体内受到控制而一心服务，有人非要大量吸入我，又不给我安排好地方。我这么爱玩，总不能让我待着不动吧？水又那么讨厌我，我只好找个没水的地方待着（珠蛋白血红素所在的腔是疏水的）；至于破坏臭氧层，明明是臭氧硬拉我……

其实，生物都挺喜欢我的，虽然我会破坏生物膜，但是我通常在被利用时才生成，根本碰不上生物膜。我曾被叫作血管内皮细胞舒张因子（EDRF）。没有我，乙酰胆碱休想舒张血管；没有我，硝化甘油也治不了冠心病；当血管受到血流冲击、灌注压突然升高时，我作为平衡使者来维持器官血流量相对稳定，使血管具有自身调节作用；我能够降低全身平均动脉血压，控制全身各种血管床的静息张力，增加局部血流，所以我是血压的主要调节因子；我还是免疫系统的灵魂。当生物体内内毒素或 TH 细胞激活巨噬细胞和多形核白细胞时，他们就产生大量的诱导型 NOS 和超氧化物阴离子自由基，使得我和过氧化氢兄弟协同作战。我们在杀伤入侵的细菌、真菌等微生物和肿瘤细胞、有机异物时起着十分重要的作用。我可以直接杀死细菌，和穿孔素等一起裂解变坏的细胞（癌细胞、被寄生的细胞）。但是，有时候我会走错地方，不小心杀死正常的细胞，尤其在大混战的时候。很抱歉啊！实在是能力有限……我在神经系统中起着重要作用，可诱导产生与学习、记忆有关的长时程增强效应；我在胃肠神经介导胃肠平滑肌松弛中也有重要的中介作用。我可是神通广大的，光舒张血管和诱导细胞凋零这两项贡献就应该让你们佩服我。如果没有我，你们从来记不住发生过的事情。

哎！也许人家的确做了不应该的事，但总该给我一个客观的评价嘛！还好，一群生物学家、化学家给我正名，不过明星分子的荣誉还是让我受宠若惊。

跟大家扯了这么多废话，氧气一直在催我出去玩呢，我多么想变成硝酸……改天再跟大家说吧，其实我还想保持神秘感，不能把家底都搬出来。再见！

（杨熹）

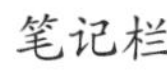

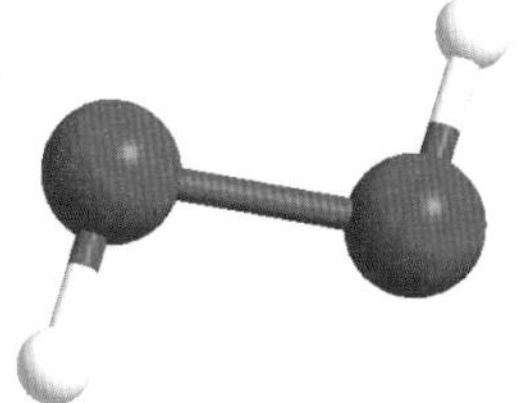

没有结果的侦查——过氧化氢

某日，某市发生了一起命案，一对夫妇离奇死于家中。两人平日起居饮食正常，不与人结怨。室内一切物品没有被翻动的痕迹，无挣扎打斗迹象，甚至家中门窗都是锁好的……初出茅庐的A警探发现了一些蛛丝马迹：丈夫平日吃的食物、饮用水，妻子平日使用的美容美白产品、美白牙膏都含有微量的一种成分……于是，A警探展开侦查……

在搜集部分资料以后，A警探匆忙发出如下这张告示：

姓名：过氧化氢

分子式：H_2O_2

俗名：双氧水

特征：分子量34.01。浓度为30%的过氧化氢水溶液密度1.11克/厘米^3，熔点-0.89℃，沸点151.4℃。无色透明液体，溶于水、醇及醚，高浓度时有腐蚀性，放置时渐渐分解为氧气和水。H—O—O—H的连接，像是打开的书本，O—O在轴上，两个H在两个不同的页码上。

性格特征：漂白和杀菌作用强，碱性条件下作用更强。

危险特性：属5.1类氧化剂，有强氧化

笔记栏

性。虽本身不可燃，但分解时产生的氧气能强烈地助燃，与易燃物、有机物接触后会引起爆炸，撞击、摩擦和震动时有燃烧爆炸的危险。浓度大于 40% 的过氧化氢水溶液有腐蚀性。

毒性：一般意义上讲他是无毒的，但对皮肤、眼睛和黏膜有刺激性，浓度较低时可漂白，并产生烧灼感，浓度高时可使表皮起泡，严重损伤眼睛。其蒸气进入呼吸系统后可刺激肺部，甚至导致器官严重损伤。当他沾染人体或溅入眼内时，应用大量清水冲洗。

嫌疑理由：①过氧化氢是无色无味的液体，加入食品中可分解放出氧，起漂白、防腐和除臭等作用。据报道，过氧化氢会通过与食品中的淀粉形成环氧化物而导致消化道肿瘤。同时工业双氧水含有砷、重金属等多种有毒有害物质，也会严重危害食用者的健康。②医用双氧水是与人们日常生活关系十分密切的一种消毒、杀菌药剂。在不少染发产品中，都含有微量过氧化氢成分。直接用双氧水美白却是相当危险的。浓度为 3% 的过氧化氢水溶液渗透性和氧化性较强，可以直接让我们的黑色头发变黄、变淡，用在皮肤上，虽然会让皮肤短时间内变白，但时间长了却会对皮肤造成强烈刺激，严重的可能烧坏表皮层，让皮肤变粗糙、长疱。所以切不可自己随意配制、使用。③过氧化氢进入人体后可杀死人体中的细菌（包括有益细菌），甚至还有致癌性。

于是，A 警探开始对过氧化氢进行追查……

可是，他太狡猾了，每次看到 A 警探就使出金蝉脱壳法，自动分解为水和氧气：$2H_2O_2 \longrightarrow 2H_2O+O_2\uparrow$。令 A 警探大为苦恼。终于，A 警探发现介质的酸碱性对过氧化氢的稳定性有很大的影响。酸性条件下过氧化氢性质稳定，氧化速度较慢；在碱性介质中，过氧化氢很不稳定，分解速度很快。过氧化氢作为氧化剂的反应速度，在碱性溶液中通常较快，因此加热碱性溶液可很完全地破坏过量的过氧化氢。这就使 A 警探有了消灭过氧化氢的信心。

终于，A 警探找到了这个“罪犯”，双方对峙。

过氧化氢：敢问我所犯何罪？

A 警探：你自己看！（亮出告示）

笔记栏

过氧化氢：（轻蔑地一笑）我是重要的氧化剂、漂白剂、消毒剂和脱氯剂，主要用于棉织物及其他织物的漂白、纸浆的漂白及脱墨、有机和无机过氧化物的制造，有机合成和高分子合成。在环境保护方面，我能用于有毒废水的处理，能处理多种无机的和有机的有毒物质，如硫化物、氰化物和酚类化合物等。

我还可以快速鉴定铂金。铂金是很好的催化剂，利用这一特性，只需取少许待测物粉末，置于过氧化氢中，若系铂金则过氧化氢立即翻滚起泡，分解出大量氧气，反应后的铂金仍原封不动（只起加速分解作用）；若系其他白色金属，如铅、银、铝等，则无此反应。

A 警探：别狡辩了，你如此有用，为什么会跟命案扯上关系！

过氧化氢：不同浓度的过氧化氢水溶液具有不同的用途。一般药用级双氧水的浓度为 3%，试剂级双氧水的浓度为 30%，浓度在 90% 以上的双氧水可用于火箭燃料的氧化剂。90% 以上浓度的双氧水遇热或受到震动，就会发生爆炸。是使用不当，又怎能怪我？

A 警探：那你为什么见到我要逃跑？

过氧化氢：只是我天性不能安定，与你何干？

说完，过氧化氢又化为一缕轻烟水雾，消失得无影无踪……

（于是这就成了一场没有结果的侦查。A 警探还是太年轻，经验不足啊！）

（尹悦妍）

笔记栏

曾经沧海难为"水"

我是分子共和国的一个普通公民，我的名字叫"水"。对啦！就是你每天都离不开的那种化学物质。按照化学命名法，我应该叫作"一氧化二氢"，英文是 hydrogen oxide。可是就连那些迂腐的化学家（他们可是经常能把一种简单的物质叫出一长串我听不懂的名字的哦）都不会那样称呼我，而是亲切地叫我"水"。

我的结构很简单：一个氧原子，一手拉一个氢原子。这就构成了覆盖地球表面 71% 的物质。在你能想到的几乎每个地方，都能发现我的影子。有人曾经做过试验，一个人几天几夜不吃饭都可以活下去，因为体内的脂肪和蛋白质

笔记栏

会作为能源物质支持生命；可是如果几天几夜不喝水，他绝对受不了，因为体内的几乎所有生物化学过程都需要水的参与。

那么我是怎样起作用的呢？具体地说，是以我海纳百川的气度，将想要发生反应的其他物质溶解，让他们在我的亲切关怀下，解离成离子的形式，钻到一个由十几到几十个水分子组成的笼子中，相互接触，发生反应，然后走出笼子，再由大量的水分子簇拥着，运到他应该待的地方去。如果我高兴，我还会主动和一些分子接触，和他们发生反应，帮助他们变成所需要的分子形态，这就是通常所说的“水解”。

我是有极性的，在范德瓦耳斯力作用下我有强烈相互吸引的趋势。更重要的是，由于氧原子的电负性很大，会使得氢原子部分“裸露”，而使得另外一个水分子的氧原子与此氢原子接近。实验和分子模拟均可以表明，这个距离已经小于两个原子的范德瓦耳斯半径之和，而又大于共价半径之和（即水中氢氧键长）。路易斯在他的著作中详细描述了这一现象，鲍林在著名的《化学键的本质》中将它命名为氢键。这个相互作用能量不大，但千万不能小看它。如果没有氢键，我的沸点将是 -70℃，而非 100℃。对啦！而说到冰，她只不过是水分子的另一种存在形式罢了。一个标准大气压下冰水混合物的温度，即 0℃。

我如此重要，是不是理应得到人们的重视呢？错啦！人们有什么垃圾都往水里倒。结果呢？造成水体污染，致使鱼虾大规模死亡；有的水体富营养化，水生植物疯长……吃亏的还是人类自己。有的地方发水灾，有的地方则闹旱灾。这不能怪我们，我们没有主观能动性，只能按照你们人类的意愿办事。如果你们人类再不重视保护水资源，你们喝到的最后一滴水将是自己的眼泪。

（任桑桑）

笔记栏

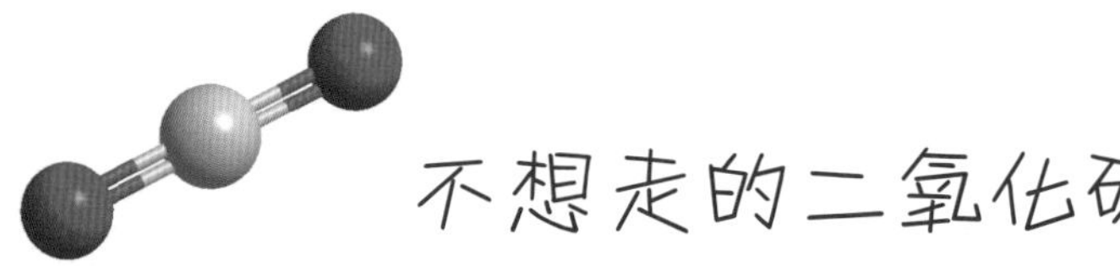

不想走的二氧化碳

水姐姐昨天刚介绍完自己，今天轮到我登场啦！

我是二氧化碳分子，我也有个很长的英文名 carbon dioxide，可是我就没能像水姐姐那样，还有个“water”的英文外号，好记又好听，羡慕死了。不过，固体的水叫冰，固体的我叫干冰。看，我跟水姐姐有缘分吧！

其实，我和水姐姐都是分子共和国的重量级人物。太阳公公给予了我们结合的动力，植物们则提供了我们结合的场所，在结婚进行曲的伴奏下，我们幸福地结合了。在分子共和国里是推崇多子多福的，于是我们创造了好多好多的碳水化合物，他们可是人类不可或缺的粮食。分子共和国的总统为此给我们颁发了嘉奖令，还让我们好好努力去帮助非洲、拉丁美洲的那些还为粮食而发愁的小朋友们。

说到我的结构，大家是再熟悉不过了。两个氧原子一起围绕着碳原子，是典型的非极性分子，典型到高中化学书都把我作为非极性分子的代表。我是一

笔记栏

个很爱干净的分子，无色、无臭，也无毒。但是我的体重却成了我的烦恼，我比空气重 1.5 倍，不过好在身材还算“苗条”。人们正是利用我的肥胖和我的洁身自好、不为“火”作伥的特点，制成了常用的泡沫灭火器。

我的熔点是 −78.45℃，沸点也只有 −56.55℃。这使我很容易升华，同时带走大量的热。人们利用我的这个特点进行人工降雨。我和丙酮组成的混合冷冻剂，其冷冻温度甚至可以达到 −110.15℃。每年约半数的二氧化碳产量都消耗在把我用作冷冻剂，用于冷冻食品和其他物质。同时我的临界温度只有 31.05℃，这是一个很容易达到的温度，很多人还利用我的这个特点把我设计成了超临界流体，让我充当有机反应的溶剂，而且比起苯、THF 等有机溶剂我更爱干净、更守身如玉。反应一结束，只要稍稍降低压强或者升高温度，我就跑了，去寻找我的水姐姐去了，丝毫不和其他产物、反应物发生一点关系。

但是我现在却越来越不受欢迎了。因为人们使用煤和石油作为燃料，会产生大量的二氧化碳，虽然有植物的光合作用在努力，每年的二氧化碳量仍然在不断增长。这给地球造成了温室效应，南极的冰山就会因此融化，海平面就会上升。所以，人类要千方百计控制我的增长，或把我隐藏起来，不让我们在空气中的浓度增加。这让我感到很难过，但是为了人类的幸福我也只能牺牲自己了。

最后我只想说：其实不想走，其实我想留……

（许杰）

笔记栏

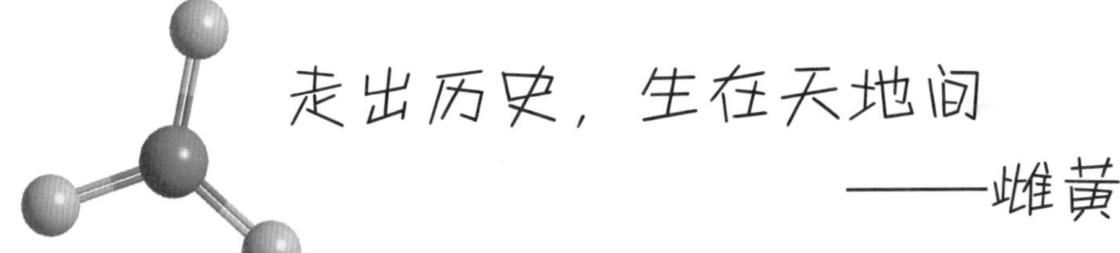

走出历史，生在天地间——雌黄

大地在震颤，强烈的撞击使我们或者断裂，或者起了褶皱；继而是高热、汹涌的岩浆直接灌进我们的伤口。As（砷）、Sb（锑）、Au（金）等被俘虏到了热液中，大家挣扎着，却又无能为力。谁也没有想到的是，和岩浆同来的硫化氢竟慢慢爱上了 As。他们笑看岩浆的愤怒，紧紧结合在一起，那义无反顾的坚定让大家看到了希望。大家一面抗争着，一面努力帮助他们躲藏到褶皱与空隙中——那里的温度稍低。可当这场争斗停止的时候，大家发现他们已经把自己融到了对方身体中，生下了你和你的兄弟作为见证 [1]。

每当包围我的碳酸盐岩和碎屑岩回忆起这段古老的往事时，我总是无比地向往。看哪！我身边的是我的兄弟，要区分我俩呢，比较粗略的方法是分辨颜色：我通体黄色，而我的兄弟则是红色或者橙红色。据说我的相貌承自外祖母自然硫，区分我俩则需要在我们身上划出条痕（那一定很疼），我的为鲜黄色，外祖母的为黄白色。

笔记栏

可是在这暗黑的地底，我是怎么知道颜色的呢？那萦绕我脑中的，应该是一个模模糊糊的梦吧：

我睁开眼，便发现身处一间奇怪的白色屋子，身边还有我的兄弟和其他地底的矿石，不过我们的形貌似乎和在地底时不同，身体被处理得干干净净，成为多晶粉末。一个人将我们一个接一个地拿到了各式各样的机器下，我只瞥见了其中一个标签——XRD（X射线衍射），然后有强光穿透了我们的身体。对我和我的兄弟做完这些以后，那个人指着我淡淡地对一群人解释说：

“雌黄，分子式 As_2S_3，含砷60.91%。常有三硫化二锑、黄铁矿、二氧化硅等混入物。不溶于水及盐酸；可溶于硝酸，溶液呈黄色；溶于氢氧化钠溶液，呈棕色。燃之易熔融，成红黑色液体，生黄白色烟，有强烈的蒜臭气；冷却后熔融物凝结成红黑色同素异形体……”

然后他又指着我的兄弟说：“雄黄，分子式 As_4S_4……”

那“雌黄”“雄黄”的名，我并不是第一次听见，是在哪里呢？

似乎，似乎是一个更加遥远的梦：

疼，我睁开眼，有光。面前的是一个人，手中拿着铜制的工具。兴许是我们与众不同的外貌吸引了他的注意，他将我和我的兄弟一起取了回去。然后就是漫长的等待。

终于有一天，一个人将我们投入高热的炉火中，我几乎以为我父母的经历现在便要在我们身上重现，可是没有，高热只除去了我们的矿石外衣，让我们的颜色更为鲜明。他们喜欢在洞壁上画画，见到我们明快的颜色便十分欣喜，于是我们便成了颜料。据说敦煌石窟的壁画就采用我们做了颜料。

我们的名声渐渐传扬开来，因为我们似乎总是在一起被发现，我的兄

笔记栏

弟被称为“雄黄”，我则被叫作“雌黄”，我们俩甚至得了“鸳鸯石”之称。

其实，其实还有一个梦，我一直将它埋在心底，却又忍不住回味：

因为自汉代起人们崇尚黄色，所以人们喜欢用黄檗（可避蠹杀虫，已被列为国家珍稀保护植物）将纸染成黄色，晋代起甚至用黄纸、白纸区别贵贱等级。

那一次，我亦是在难以言喻的痛苦中睁开眼的。人们将我摁在青石上水磨，青石硌进我的身体，水渗进伤口里，然后我四分五裂。接着是暴晒，水渐渐从我的身体里出去。当我这样想的时候，人们又开始研磨我，不过这次是在瓷碗中；水，她来了，然后又是暴晒。我盯着水慢慢离开我的身体，突然发现她的眼里有淡淡的、化不开的忧伤。我一愣，她一笑：“再忍耐一下，我再来的时候，你便又是全新的你。”

是吗？又被研磨，这次与我做伴的是胶清。人们把我们和到一起，然后用铁杵重重捣下，一下，又一下，我和胶清由陌生转变为抱在一起承受重击。最后人们把我们从臼中取出，搁在一旁，让风渐渐阴干我们的身体。

我有些困惑，这对我有什么意义吗？

我们被送到了书房。一人正在奋笔疾书，他见到我们时目光里盛着的，是感激吗？我贪恋这种感觉。他温柔地将我们和水研了研，水冲着我直笑。我们被轻轻涂在了黄纸上，掩去了上面的墨迹。我听见他的赞叹：“幸得有雌黄，一漫即灭字，仍久而不脱，余他校改字之法，刮洗则伤纸，纸贴又易脱，粉涂则字不没。”也许便因着这句话，我心甘情愿地为人掩饰笔误。我在书房里待了很长的时间，大概由于我本身的层状结构，舒展在纸上倒也快意；我在这里看仕子们来来去去，风气由独尊儒术渐变为清议玄谈。

然后我见到了那个人——王衍。我注意他，是因为传说他既有盛才美貌，明悟若神，常自比子贡；兼声名藉甚，倾动当世；妙善玄言，唯谈《老子》《庄子》为事；每捉玉柄麈尾，与手同色；义理有所不安，随即改更，世号“口中雌黄”。对于这个与我的名字联系在一起的人，我时时关注他。他轻鄙贪钱之妻，有了“阿堵物”的典故；他在国家危难众欲迁都时，卖掉车牛

笔记栏

以安众心……可后来，他似乎少了这些血性。他先是辞了元帅之荐，举军为石勒所破后，竟为自免而劝石勒称尊号，最后却仍为石勒所杀。我郁郁地听说他将死之时顾而言曰："呜呼！吾曹虽不如古人，向若不祖尚浮虚，戮力以匡天下，犹可不至今日。"

然后，"口中雌黄"四个字逐渐变成了贬义，人们将它说成"信口雌黄"来形容不顾事实，随口乱说。

我看着这一切发生，却无力去改变什么。斯人已逝，毁誉参半。人世载浮载沉，人心可以因欲望而创造，也可以因欲望而毁灭。我望着窗外的春秋更替，突然感到一阵欣喜：生物世世代代地更替着，而我却在时间中长存，只要我还在这里，我便还有改变、发现自己的可能。

我睁开眼，面对山川天地。我在这里，我便是这无限的可能。

注：

[1] 文中所描述的形成矿床的方式仅为热液型矿床，其他方式有层控型矿床、热水沉积型矿床等。

（陈达一、Hyperion）

笔记栏

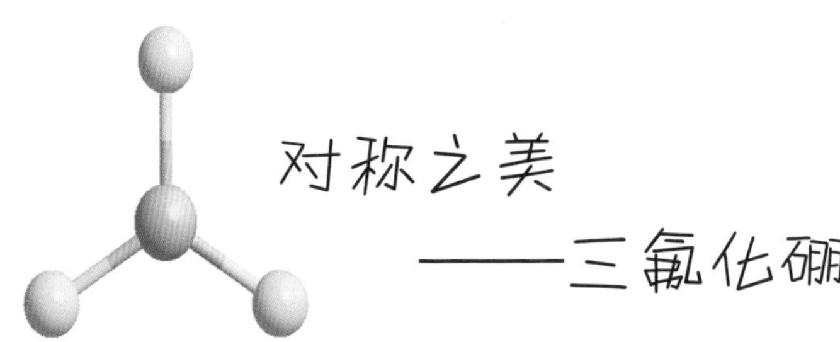

对称之美——三氟化硼

三氟化硼（BF_3）是一个自命高贵的分子。他的高傲是天生的，他的父亲三氧化二硼拥有稳定的六方晶形和耐高温的优良品性因而被认为是硼系分子族的杰出代表。母亲氟化钙被称作“萤石”，被人类用于制造光学玻璃，是一种如公主般娇脆的矿石。三氟化硼则拥有完美的平面正三角构型（虽然因此常被甲烷、氨等分子讥为“平面人”），在讲究对称美的分子共和国，三氟化硼无疑有资格自吹。

在路易斯酸和路易斯碱举行的一场聚会上，三氟化硼是受众分子瞩目的焦点之一，也是众多路易斯碱美女争相邀舞的对象。氨分子伸出一对孤对电子，微笑中三氟化硼把三个 sp^2 杂化轨道和一个 p 轨道组合成为四个 sp^3 杂化轨道，多出一个空轨道与孤对电子结合。

随后，三氟化硼又与水和氟离子跳舞。舞会过后，三氟化硼发现自己的兄弟变成了硼酸，三氯化铝成了氢氧化铝，铁离子成了氢氧化铁……纵然 F 具有强大的吸引力，三氯化硼和三溴化硼居然比他先吸引到了舞伴，弄得三氟化硼一开始感到非常没有面子。何故？硼原子和氟原子的大小比较像，氟原子手上有富余的孤对电子，3 个氟原子便主动向硼原子的 p 轨道供应电子，组成共轭 π 键。这么一来，本来应该更加富于吸引力的三氟化硼就变得不如三氯化硼、三溴化硼了。当然，三氯化硼他们经不住刺激，一高兴过度，由于硼原子和氯原子原本身高相差太大，就各奔东西了，剩下三氟化硼独自得意了。

但三氟化硼应该庆幸跳舞是一对一，否则如果让他跳入水里，1/4 都要变

笔记栏

成硼酸了；而如果温度超过 125℃，他和氨分子美女拉着手的话，就又有 1/4 要变成氮化硼了。

众分子听了他的大话自然忿忿难平，请来有“万能还原剂”美誉的硼氢化钠，把三氟化硼变成了乙硼烷，吓得三氟化硼再也不敢胡吹了。

三氟化硼自命高贵，却有点儿顽皮。当初卤代烃不愿和苯结合时，三氟化硼把他的卤原子抢走，他只好取代苯的一个氢原子，三氟化硼却又开玩笑般地把卤离子送还给了氢离子。三氟化硼也曾帮醇脱水成醚，帮酯还原为酮，还帮烯烃聚合过，算是为分子共和国的人口增长和繁荣做出了一点贡献。

（huangming）

笔记栏

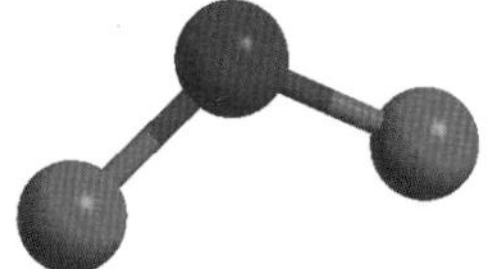

光棍的愿望——二氧化氮

天生我是光棍。三个原子，一个在中间，另外两个在两头，虽然是个角形，但好歹也是个棍儿，跟飞去来镖长得有点像。那个东西能伤人，我也挺能伤人。

所以，人们都躲着我，一见空气中有点棕色，立刻跑，怕被我呛着了。他们要是有个好歹，我可赔不起。对，我二氧化氮分子，要钱没有，要电子23个！其实我对我的奇数电子数很不满意，谁来帮我抓走一个啊？那样我的体型就标准了。（二氧化氮气体呈棕色，有毒）

多年以来，我一直在找一个同伴，但一直没有成功。我的兄弟一氧化氮，也差不多和我一样，他去找了氧气，结果还得跟我一样继续到处找。因为 $2NO+O_2 \longrightarrow 2NO_2$，在室温下反应很完全。一氧化氮为单电子分子，氧化后变成二氧化氮，仍为单电子分子。

我找到了水分子。本以为她对我会像对硫酸那样含情脉脉，分手以后还可以是莫逆之交，于是我兴高采烈地迎上去，然后意料之外、情理之中地被这“野蛮女友”削掉了1/3的体重。没过多久，此事就曝了光，在各方强烈关注之下，我还被赶出来了——我又是光

笔记栏

棍了。（二氧化氮极易溶于水，反应为 $3NO_2+H_2O \longrightarrow 2HNO_3+NO$。硝酸在光照下可分解，重新生成二氧化氮和氧气）

其实，告诉诸位一个秘密：我最喜欢找和我一样的分子做伴。双方各有一个单电子，这种结合多稳定！不过我们也不敢表现得过于亲密，“电灯泡”们都看着呢！（$2NO_2 \rightleftharpoons N_2O_4$，该平衡与温度密切相关）

现在看来，唯一可行的办法就是找一个有能力拿走我一个电子的同伴。这明显不是常见分子，我的计划又遥遥无期了。

（burea）

笔记栏

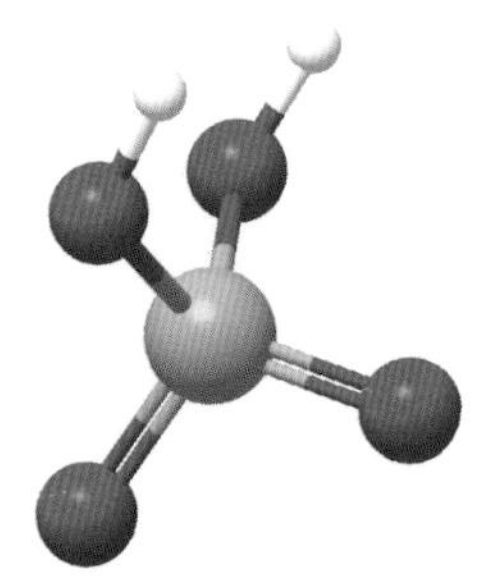

问世间情为何物
——硫酸

许多年以后，当苍老的季戊四醇回忆起当年那个义无反顾的孩子时，仍然忍不住要叹息：

“我可以解去你心中的所有疑惑，却无法解你一生为情所困。”

当硫酸有记忆的时候，他就是一个硫酸分子，安分地守在透明的晶体中，不知父母是谁，只论长幼兄弟。岁月如梭，日子便这么过……

不知过了多久，硫酸感到外面的景物换了又换，然后渐渐地天有些变热了，自己和这些与自己相处了不知多久的朋友们不用再用氢键互相紧握着取暖了。

想到氢键，硫酸想起了水。硫酸早已发现，她们的氢键比自己这些分子间的氢键复杂和美妙了不知多少倍。她们永远在舞蹈中。虽然每个分子都是简单地一弯折，然而仅仅依靠四个位点的氢键，却能够做出万千变化。

硫酸知道，自己在水面前永远是自卑的。

朦胧中，硫酸看见水忽然向自己移来，那声音叮叮咚咚，仿佛要唱尽世间的美妙："你为什么孤独地在这里呢？"

笔记栏

硫酸感觉自己浑身都燥热了起来，平时就不怎么说话，此时更加语无伦次："你，你，我，我，我叫硫酸……"

"一起来跳舞吧。"说着，水一把拉住硫酸，翩翩起舞。

硫酸做梦也没有想到，水居然会主动地来邀请自己。即便在许多年以后，硫酸面临死亡之时，仍然忆起这一段美好的时光。

与水在一起不知过了多久，硫酸终于有了勇气，问了第一句流利的话："你，为什么能够这样快乐？"硫酸曾经寂寞地过了不知多少岁月，虽然并不孤单，但却孤独。

"我为什么要不快乐呢？"水笑着回答。清脆婉转的声音，听得硫酸如痴如醉。

"那你为什么会找上我呢？"硫酸接着问。

"哎呀！你怎么那么多为什么！"水嗔道。

然后水顿了一下，第一次收了笑容，有一点幽幽地说道："可以给我你的氢离子吗？我要用它来完善氢键。"

硫酸忽然颤了一下，心里又是惊讶又是失落又是欢喜。惊讶的是原来氢离子可以单独参与构筑氢键，难怪水的氢键如此美妙；失落的是原来水找到自己是有求于己；欢喜的是水本来可以无声无息地偷偷拿走自己的氢离子的，而且只拿走一个的话，自己断然不会有所察觉，可是水没有，那不是说明水心里还是有自己的吗？

这样想着，硫酸慷慨地安慰水："我有两个氢离子，我给你一个吧。"

水顿时恢复了笑容，美丽的身姿再度翩翩起舞。水接过氢离子，看似随意却巧妙无比地放在她的氧原子上。水笑嘻嘻地说："可爱的硫酸，可以再给我你剩下的那个氢离子吗？"

硫酸忽然紧张了起来，颤声道："那个，那个氢离子，不可以……"

"为什么不可以？难道你不喜欢我了吗？"水撒娇道。

"不是，不是，是因为……"

笔记栏

天剧烈地热了起来，水的舞蹈加大了幅度。水喃喃地说:“又是沸腾，时间不多了。”忽然大声地说:“硫酸，那个氢离子你给不给我?”

硫酸死死地抓住剩下的氢离子:“不行，不行……”

“那么，这个氢离子我也不要了!”“嘭”的一声，水和她的姐妹们骤然远去。

硫酸痴痴地望着那个背影，怅然若失。同族长者们曾经的警告又响起在心里:“你一定不可以同时失去你的两个氢离子，否则你将注定被大多数金属离子沉淀，因此永锢自由。切记切记!”

硫酸犹记得水离去时那个幽怨的眼神，忽然自己哀叹道:“我终究还是改不了自私。”

有一天，硫酸碰到了一个奇怪的四面体分子。他好像能一眼看穿自己，在他面前总有一种不自在的感觉。那个分子就这么盯着硫酸看，硫酸心里不舒服，正要转过身去不理他，忽然传来那个分子的声音:“你还想去送掉第二个氢离子吗?”

硫酸猛地一惊:“你怎么知道……”

“天下竟有这样傻的分子，居然要送掉自己一生的自由。无尽的岁月中，自由才是最弥足珍贵的啊!”四面体分子摇头晃脑地说道。

硫酸更加惊讶:“你是谁，你怎么会知道我们族的秘密?”硫酸知道，本族分子失去两个氢离子就几乎等于失去自由的弱点，全族都不会向其他族分子说的。

“分子共和国中的事，几乎没有我不知道的。”四面体分子得意地说道。

“没用的，”硫酸分子转过身去，“就算你通晓天下，也不会知道我与水之间的事的，也不会解开我心中的矛盾。”

笔记栏

“居然又是水那小妮子，她仍然不知悔改吗？”四面体分子忽然大声地说道。

硫酸猛地转过身：“什么？你说什么？什么不知悔改？”

四面体分子哼了一声，说道：“当年她一族分子化作氢离子与氢氧根离子，同时以强酸、强碱大闹天下，才被下了氢氧离子积禁制，也算是罪有应得。可叹她还不知悔改，四处骗取氢离子与氢氧根离子。哈哈！真是生性风流啊！”

“你怎知她是骗取？”硫酸不服地争道，忽然又问：“什么是氢氧离子积禁制？”

“你不知道她本身可以释放出氢离子与氢氧根离子吗？禁制的内容就是她的氢离子与氢氧根离子的浓度乘积要比她本身的浓度小一百万亿倍。可惜当时禁制定得不完善，让她发现了升高温度可以削弱禁制。还好，不久后禁制得到弥补，定下了常压下 100℃时水必须沸腾，而气态水分子是无法利用那两个离子的。哼！江山易改，本性难移。早就听说现在水在四处骗取氢离子与氢氧根离子，现在看果然是真的！”

硫酸正要反驳，却发现自己根本不了解水的过去，憋了半天憋出一句：“你知道什么，你知道她的孤独吗？”话刚出口，就觉得不对：像水那样，永远快乐地舞蹈，会感觉孤独吗？

四面体分子一怔，随即说道：“即使孤独，那也是她自找的。”他顿了一顿，又叹道：“你已经如此，我也无法帮你了。看在我们两族祖先还有一点渊源的情分上，我送你一句话：如果有一天你失去了自由，就去找碳吧！”说着大摇大摆地走了。

硫酸忽然大声地问：“请问你叫什么？”

远远传来四面体分子的声音：“且夫天地为炉兮，造化为工；阴阳为炭兮，万物为铜。合散消息兮，安有常则？千变万化兮，未始有极；忽然为人兮，何足控抟；化为异物兮，又何足患！”

硫酸细细地体味着这句话，忽然想起水在向自己讨要氢离子时那幽幽的语气，顿时高兴起来：“原来她也不愿这样的。原来她还是在乎我的，原来她还是在乎我的……”

笔记栏

遥远的地方，四面体分子喃喃自语："我可以解去你心中的所有疑惑，却无法解你一生为情所困。也许，你比上次那个碳正离子幸运多了。"

硫酸仍然在寻找一切机会再见水分子一面。有一天，他见到了水分子的姐妹们。

"请问水在哪里？"硫酸很有礼貌地问。

"我们都是水。你是不是要给我们你的氢离子呀？"水的姐妹们笑作一团。

然而，硫酸听到了她们中间的一个小小的声音："原来他就是那个傻分子呀！"硫酸笑笑："请帮我把这两个氢离子转交给水，请她不要怪我。再帮我谢谢她。"说着，硫酸坦然地交出两个氢离子，转身而去。

"放心吧，交给我们就等于是交给水了。"水的姐妹们笑着喊道。

硫酸看到不远处的一个钡离子已经向他靠了过来。他笑笑，毅然迎了上去。"既然祖先所定规矩如此，被沉淀定然是所有硫酸根的归宿。如果不是遇见水，自己还要麻木地过完所有的岁月，终究也要被沉淀。"硫酸还记得那些与水所跳的舞步，那永远是自己生命中最美好的时光。"有如此境遇，也不再求什么了吧？没有欢乐，要无尽的岁月作什么？"这便是硫酸的想法。原来，他早已参透一切。但硫酸还是有一点点遗憾——他已经很久没有见过水了。

水的姐妹们看到硫酸居然向钡离子迎去，顿时七嘴八舌起来："真有这样的傻分子呀！""如果分子都是这样，我们就不用再到处去'抢'氢离子啦！""还真有点嫉妒水妹妹呢！"……

硫酸根与钡离子结合成白色的粉末状沉淀，沉到了杯底。

但是，硫酸没有注意到，离他不远处，水躲在姐妹们后面静静地看着他。水忽然轻轻地说："傻瓜，我早已不怪你了。"说着化作一滴泪，消散在空中。

在沉淀中，硫酸仿佛又回到了当初的那些日子。他并不孤单，但是孤独。

“也许再也见不到水了吧？不过见到了又有什么用呢，我已经没有氢离子了。”

忽然，硫酸想起四面体分子的那句话：“如果有一天你真的失去了自由，就去找碳吧！”“难道碳可以帮助我再回到原来的硫酸吗？”硫酸有一点好奇。

他还是找到了碳。这个小姑娘是一种奇怪的分子，与自己和水的样子完全不一样。他甚至没法判断出她属于哪一个点群。

“碳姐姐，你可以帮我变回硫酸吗？”硫酸小心翼翼地问。

“是季戊四醇那个家伙叫你来的吧？”碳抬头淡淡地笑道，“你在这个沉淀中太稳定，我可以帮你把硫原子还原为负二价，然后再经过别的处理，才能变为硫酸。”

“真的可以吗？”硫酸本来已经绝了再见水的心思，忽然又有了希望，难免有一点点欣喜。

“不过，在氧化还原过程中，你会失去曾经的所有记忆。你要考虑清楚。”碳劝说道。

“这样啊！”硫酸有一点怅然。自己剩下的也只有回忆了，又何必再起别的心思呢！硫酸刚想摇头，忽然想到一个问题，于是问道：“可是，在反应的过程中，你不是也会被氧化吗？难道作为分子，你不珍惜自己的记忆？”

碳笑笑：“第一，我不是分子，我一般是以原子晶体存在的；第二，我生来命中注定为别人燃尽生命，又有什么顾忌？”

“什么？”硫酸大大地吃了一惊。他实在无法想象，这个相貌平平的小姑娘会如此坦然。硫酸仔细地打量她，黝黑的皮肤、淡淡的笑容，实在没有太多突出的地方。硫酸不由得对她肃然起敬，脱口说道：“你帮我变为硫酸吧！”

碳有一点点惊讶：“哦？你不珍惜你自己的记忆？”

硫酸笑笑：“连你一个小姑娘都可以如此放得开，我还有什么放不下？况

笔记栏

笔记栏

且我当初既然选择了放弃氢离子，现在又何惧再入一次轮回？”他忽然再一次地豁然开朗，仿佛天地间忽然明亮了，再没有一丝阴霾。

碳被硫酸夸得有一点脸红，说：“好吧，我帮你。”

碳的身上渐渐燃起了火焰，碳的脸上红中带着一点点苍白。硫酸看着四个氧原子渐渐地离自己而去，记忆也渐渐地变得模糊。临终前，他仍然沉浸在当时与水的轻舞飞扬中，那般的如花美眷，似水年华……

许多年以后，当苍老的季戊四醇回忆起当年那个义无反顾的孩子时，仍然忍不住要叹息。

“无尽的岁月里，最重要的是什么？有穷的岁月里，最重要的又是什么？水啊水，你空落了个水性杨花的名。如果我当时早知道你竟然是因为自己的对称的不完美而千方百计地寻找氢离子来弥补的话，还会不会那样告诉硫酸呢？”

（fyjqt）

笔记栏

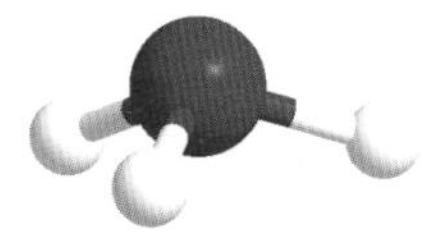

阿摩尼亚传——氨

嘿嘿，终于轮到我氨出场了。

先讲讲我的出身，热情的小不点氢急切地与第二周期的碳、氮、氧成键，于是有了我们兄弟姐妹甲烷、氨、水。

和美美的水相比，我可丑多了。唉！上天给了我一个畸形的身体，我有三条手臂，中心氮原子牵着三个氢原子。不过还好，我可以很容易地再“抢”一个质子过来，把自己打扮成氨离子，伪装成我的等电子体——大哥甲烷。氨离子的半径是 148 皮米，很接近钾离子（133 皮米）和铷离子（148 皮米），很多时候我可以伪装成他们，形成类质同晶。

还是很羡慕水，她的极性超大，偶极矩 1.84，又没有我那样招人嫌的刺激性气味，所以很多分子都喜欢她。其实我也不弱啊！纯净的我在液态下也是很好的溶剂，对有机物我可比水对他们要好多了。“我很丑，可是我很温柔。”我的长处是我能和许许多多原子和离子络合，并且温柔地献出我的电子。在水溶液中，我常常可以取代水，并给溶液带来绚丽而丰富的色彩。深蓝色的，是高贵的 $[Cu(NH_3)_4]^{2+}$；从紫红到橙黄的，是神秘的 $[Cr(NH_3)_{6-n}(H_2O)_n]^{3+}$ 家族。碱金属在我的拥抱下形

笔记栏

成美丽的蓝色溶液，因为我连电子也能络合。大气中可没那么容易找到我，因为我是那种不愿意露面的分子。

其实我无处不在，只是变了价态，身不由己啊！大气中至少 70% 的成分都是我的远房亲戚氮气。豆科植物的根瘤菌和氮气的关系很好，于是千百年来他们不停地制造我，直到后来人类才意识到是我在土地中默默地帮助植物朋友们生长。于是过去的几个世纪，人们想尽办法合成我。当然，大气中这么多的氮气是很不错的原料。

不过要知道，拆散亲密的氮分子和氢分子可是很不容易的噢！尤其是形影不离的氮夫妇，他们的键能有 941.69 千焦/摩那么大。可是啊，在许多科学家的努力下，我还是被合成出来了。在找到便宜的催化剂后，我很快成了大众化的工业产品。现在，每年有超过 650 万吨的我从化工厂走出。不过啊，我还是很不情愿出现的，在工业条件高温高压的压迫和催化剂的诱惑下，合成我的转化率也不过 10%~30% 罢了。还是要感谢哈伯和博施两位科学家，使更多的我能够服务于人类。人类用我来制造硝酸和无机、有机化工产品，以及化肥。因为我有用、能干，所以现在人类仍在不断努力以求能在更温和、更绿色的条件下更高效地合成我。

我的自我展示就到这里吧！最后请记住我的名字——氨，或者更诗意的一个——阿摩尼亚（ammonia）。

（任臻）

笔记栏

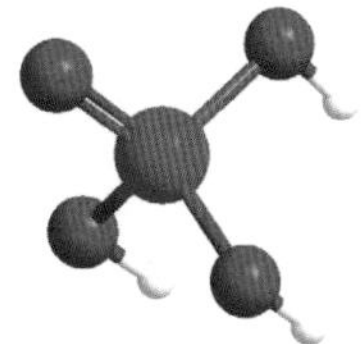

劳动面前人人平等
——磷酸

大家好，我是磷酸，在分子共和国里我是个比较文静的小人物。和我的邻居硫酸相比，我可安静多了。我不破坏东西（如果有，那也是被迫的，而且破坏以后，我就不是原来的我了），即使在很浓的时候也不喜欢夺别人的电子。当然，我还是挺珍惜自己的电子的，我不会把他们送出去。我还有三个质子，我也喜欢他们，不会像硫酸和硝酸那样，见到水就把他们作为见面礼。

在大自然中，我通常被夺去三个质子，和钙囚禁在灰黄色的石头里。但是，有时有的分子好心给我两三个质子，我就可以自由自在地游荡了。也许在矿物界我只是个默默无闻的小人物，也许我一辈子注定被封锁在石头中，但是我的身影在生物界无处不在，没有我就没有生物界。说我吹牛？我说的是实话呀！你看：我拉上一个甘油、两个脂肪酸，变成了一个磷脂分子，磷脂分子们手拉手就筑起一道墙，他们可以建起一个个小屋，然后每个屋里的分子们干起活来就不互相干扰了，很多蛋白质分子也可以附着在“墙”上，这样他们才可以正常工作。我和（脱氧）核糖分子手拉手连成长链，碱基分子就坐在核糖上面（碱基说坐在核糖上面更舒

笔记栏

服），然后我们就构成了生命的种子——核酸分子（有人认为蛋白质不过是核酸的奴隶，核酸通过操纵蛋白质来复制自己，这种说法还是有一定道理的）。我们一起控制着生命的行动，我们一起建立了新陈代谢的总司令部。我不但指挥人，我还以身作则，我的身影在生命活动中无处不在——三个我和核苷拉在一起，就是大名鼎鼎的 ATP（腺苷三磷酸）。有人说，那不就是生命活动的直接能量吗？没错，ATP 是各种代谢的能量之源，不管是合成、运动，还是蛋白质选择性降解，只要是受控的强指向性的代谢活动，非有 ATP 不能进行；而且，ATP 还能做更多事情，如激活分子。当磷酸激酶叫我的时候，我就从 ATP 上跳下来，接到需要我的分子上——没有我，他们可全都是废物。比如说 1，5-二磷酸核酮糖（RuBP）上有两个我，如果只有一个我，他就别想和二氧化碳分子结合。有的蛋白质只有和我结合才能干活。我在光合作用中作用可大了，光合作用所有的糖都和我在一起（他们太懒了，我不看着，他们就不干活）。我也是还原力的来源：不管是 ATP 还是 NADPH（还原型烟酰胺腺嘌呤二核苷酸）都有我的存在。对了，植物喜欢把磷酸丙糖从叶绿体运到细胞质中来合成蔗糖，但是没有光的时候还运输或过度运输会出乱子，那么我会告诉他们不要运了（磷酸和磷酸丙糖的比例控制运输速度）。我还能调节细胞内外 pH，让细胞们过得舒舒服服。动物们有时需要剧烈运动，ATP 会用完，我还提供一种支援——CP（磷酸肌酸），当 ATP 含量下降，我就从 CP 跳到 ADP（腺苷二磷酸）上变成 ATP，这样就能更快恢复 ATP 含量。我以羟基磷灰石的状态存在于脊椎动物的骨骼和牙齿中，我的存在使他们远比碳酸钙结实，能承受重担。我是多种辅酶的构成因子，我参与构成至少两种第二信使分子（指激素的）。

现在大家有点了解我了吧？不鄙视我了吧。有人说我什么都不会做，酸性不强，太稳定，干不了大事。其实，我们分子共和国的每一个成员都有其价值，都是平等的。不说了，还有事情等着我去做呢！再见！

（杨熹）

笔记栏

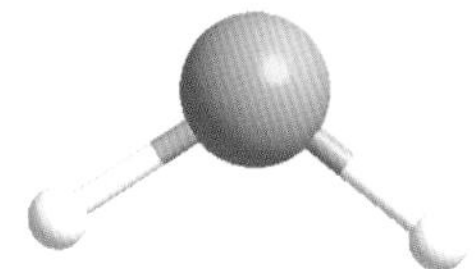

腹中之气——硫化氢

“屁乃肚中之气，哪有不放之理？放者欢天喜地，闻者垂头丧气。”这句话大家都听说过吧？哈哈！人嘛，总是给丢脸的事情找个理由。让我们来分析一下屁，屁约由59%的氮、21%的氢、9%的二氧化碳、7%的甲烷和4%的氧气组成。本来嘛，这些气体都是无色无味的。放个屁，最多响一下也就过去了。可是偏偏里头还有我——硫化氢，是不是让你很郁闷？虽然我可以调节一下课堂气氛，刺激一下昏昏欲睡的你（硫化氢为臭鸡蛋味）。

那我就来介绍一下自己吧。

我，自古就有，原始大气成分中就有我。打人类一出现，我就开始和他们打交道，古人也放屁嘛。人类一直非常讨厌我，但是却无从认识我，那是因为我有遁形术（硫化氢为无色气体）。

氢和硫在一个与世隔绝的容器里点燃了爱情的火焰，产下了我（$H_2+S \longrightarrow H_2S$）。

我特别喜欢和钱打交道。我喜欢和穿着白衣服的银子妹妹玩，结果害得她变得灰不溜秋的，回家爹妈不认（银与硫化氢接触之后，表面生成一层硫化

笔记栏

银的黑色薄膜而使银失去银白色光泽；银离子是软酸，与软碱硫离子的结合特别稳定）。不过我也不知道为什么，和她在一起，总是会让我很快乐、很踏实。我也想和金子姐姐玩，可是人家不让，人家嫌我能力不够。

后来，舍勒拿硝酸、氯气那种“暴力分子”，把我身子卸了下来，查出了我有硫妈妈的血统。再后来，道尔顿电我，更是把我的手臂也拉了下来，于是他们知道了我的身世，我也就不再那么神秘了（硫化氢被氧化，生成硫；电分解，生成氢气和硫。H—S—H 呈 V 形结构）。我虽然喜欢恶作剧，可是认真起来，也能干点事情。

我在分析化学发展中立下过汗马功劳。

18 世纪末期，化学家普鲁斯特采集了各种各样的矿石——铁矿石、铜矿石、锌矿石、铅矿石、汞矿石……他把它们放在硫酸溶液里加热，这时我就从容器中跑出来啦。有一次他在分解锌矿石时发现了我的超能力：我能让放在一边的蓝矾溶液蒙上一层棕褐色的薄膜。他感到非常有趣，便把两个容器尽可能靠近，然后搅动蓝色的蓝矾溶液，我当然毫不客气，把铜离子全变成了棕黑色的沉淀。他还发现，我会让铅盐、钴盐和镍盐的溶液都产生黑色沉淀，还会让锑盐溶液产生黄色沉淀。他认为这是化学中很有价值的发现。我能产生不同颜色沉淀的这个性质，便成为新的分析方法的重要依据。

后来，德国化学家海因里希认为，可以对所要检验的溶液先用几种基本试剂进行初步的分组检验。经过他的研究，在可以用来分组的基本试剂中，我成了那最主要的一种。于是人类开始用我配合硫化铵、碳酸铵、氨水等进行分组研究。

1829 年，罗泽制订了以我为主的系统定性分析方法：把溶液先用盐酸处理，然后我就能把金、锑、锡、砷、镉、铅、铋、铜、银、汞等离子沉淀下

笔记栏

来，再用一些其他试剂检验，这样就可以确定未知物的成分了！所以，我——硫化氢是分析化学中很重要的基本试剂，在分析化学发展中起了极其重要的作用。

我还具有一定的理疗本领。你一定听说过硫磺泉吧，它的主要成分就是我。古代中国就有人用我来治病。我可以引起皮肤血管扩张，改善皮肤血液循环和组织营养；可以使植物神经系统兴奋活跃，使人兴奋；可以促进关节浸润物的吸收，缓解关节韧带的紧张，治疗各种慢性关节疾病。

但是同时，我也会使你的中枢神经系统和呼吸系统中毒，所以在实验室的时候别忘了离我远点，否则头痛、头昏、步态不稳、恶心、呕吐，我可不负责哦！

（BCBill）

笔记栏

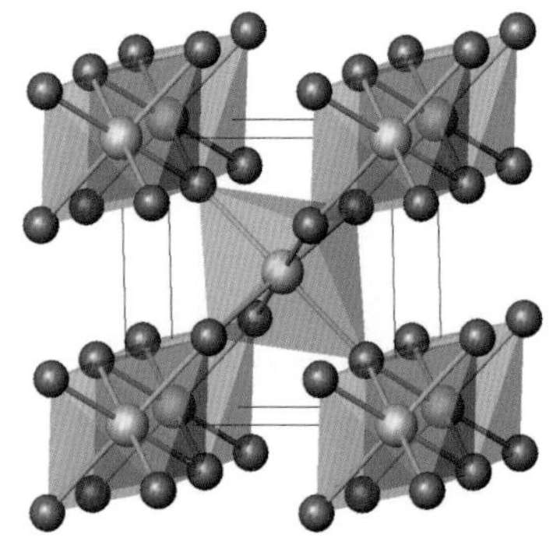

我的自荐书
——二氧化钛

大家好！我是二氧化钛（TiO_2）。咦！没听说过？我来自伟大的钛家族。《世界经济的未来》一书指出，21 世纪的结构金属将是铁、铝和钛。所以钛被人称为“未来的第三金属”。

说到钛啊，他可是武艺非凡，耐腐蚀，耐高温，抗低温，比钢轻，强度又大，已被应用于超音速飞机、海军舰艇和化工厂的许多设备。此外，钛的合金在记忆功能（钛镍合金）、超导功能（铌钛合金）和储氢功能（钛锰、钛铁合金）方面也都有优异表现。

而我二氧化钛也算得上是家族的精英分子。在自然界中我有三个孪生兄弟，分别是金红石型、锐钛矿型和板钛矿型。其中金红石可是鼎鼎大名，它由于含有少量的铁、铌、铬、钒等而呈现红色或黄色，是一种天然宝石呢！

既然是自我推荐，当然要亮亮本事了。我可是制造钛的重要原料。如果发生反应：

$$TiO_2+2C+2Cl_2 \longrightarrow TiCl_4+2CO$$

$$TiCl_4+2Mg \longrightarrow Ti+2MgCl_2$$

就可以得到海绵钛了。当用二氧化钛矿石发生下面的反应：

$$TiO_2+C+2Cl_2 \longrightarrow TiCl_4+CO_2$$

$$TiCl_4+O_2 \longrightarrow TiO_2+2Cl_2$$

就能得到我的纯净状态，即钛白或钛白粉——钛工业中产量最大并与国民经济

笔记栏

密切相关的精细化工产品。我作为白色颜料，是迄今公认最棒的，既有铅白的遮盖性，又有锌白的耐久性，有着着色力强、无毒等优点，在涂料、印刷、造纸、化纤、冶金等方面那个牛啊！（说得我自己都有点不好意思了）

在我的嫡系亲属中有个“硬汉”——碳化钛，他是硬质合金的重要原料，其硬度仅次于金刚石。他有良好的导热和导电性，在温度极低时甚至表现出超导性。（$Ti+C \longrightarrow TiC$，$TiO_2+3C \longrightarrow TiC+2CO$）

怎么样，知道我强了吧？要知道，现已探明的中国钛矿储量居世界首位，攀枝花更是傲视群雄。我们钛家族在 21 世纪的中国有多大的发展空间啊！

（shijf）

笔记栏

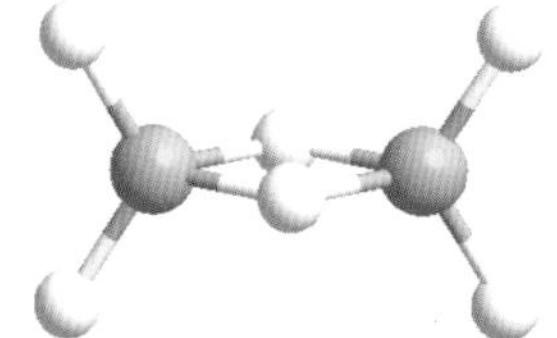

缺电子的硼族成员——乙硼烷

1912 年，托克将 Mg_2B（硼化镁）和 H_3PO_4（磷酸）混合在一起，产生了一类奇特的化合物：我们十分活泼，具有挥发性，部分在空气中可以自燃，热稳定性很差，很多在 25℃即可分解。后来我们拥有了一个共同的名字——硼烷。现在，我们的家族已经有 20 多位成员了，用韦德提出的韦德规则可以准确预言我们绝大多数的结构。

我叫乙硼烷（B_2H_6），是最简单的硼烷。很长一段时间里，人们对于我的“庐山真面目”并不了解。直至后来，他们才发现，我的两个硼原子是通过两个氢桥键相连的。因为硼的先天不足（价层 $2s^22p^1$ 只有 3 个电子），我们都是从骨子里缺电子的。正是因为这样的结构，才使得我们有了活泼好动的性格。

在室温下，我总是以气体的形式存在于空气之中，我轻盈地跳跃着，找寻着属于自己的一个又一个机会。与其他兄弟相比，我在常温下还是相对温和的，不会轻易就分解掉。这也许是我性格之中静的一面吧（乙硼烷在 99.85℃以下稳定，硼原子数更高的硼烷分子大多不稳定，常温下自燃或者分解成低硼数的分子）。不过要是碰上水，我们就基本上被无情地水解了。

由于硼原子的缘故，我对于“无私”的美女有一种热切的追求，同时我活泼开朗的性格也得到了大批美女的青睐——三氟化磷、三甲胺、二乙硫醚等（这些软碱易使 B_2H_6 发生对称性裂解产生更缺电子的软酸 BH_3 并与之结合）。在所有的孩子中，我最喜欢的就是硼氮苯（我与氨结合的产物）。他拥有与我截然不同的性格：温文尔雅，谦逊内敛。在结构上和苯十分相似，不过他十分成熟稳重，而且浑身散发着一种优雅的气息。最重要的是，他一旦与某位

笔记栏

美女结合，就不会三心二意。

我们有毒，但这只是我们保护自己的方式，只要使用的时候注意安全规范，就不会有事，所以请不要怕。

我们家族的特点是有相当高的单位质量燃烧热，因此曾被用作航空燃料。有机化学上有时也用我来还原碳碳双键或者过氧键，美国化学家布朗因我的这个反应得了 1979 年的诺贝尔化学奖。尽管我有能力，也十分愿意为人类用尽我最后的能量，不过由于我自身的一些原因及现今科学技术的限制，到目前为止，我还没有能尽到自己应尽的义务。不过我相信，随着技术的不断进步，我终究会在更多方面为人类造福。

（孙少阳）

笔记栏

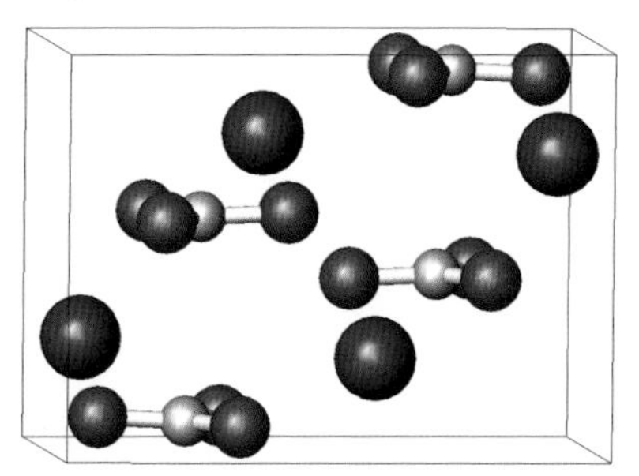

疯狂的石头
——碳酸钙

他们都是白色晶体或粉末状固体。他们在大自然中分布广泛，是石灰石、大理石等的主要成分。他们通常这样出现：当碳酸根离子和钙离子在水中相遇时，他们就一瞬间成核、生长，长成洁白的模样。他们遇到酸，就吐泡泡；当然他们也会不安分地寻找，当他们与二氧化碳在水中相拥时，就归隐水中，消失得无影无踪。

猜到了么？他们就是今天的主角——碳酸钙。生活中，他们常伴你身旁。

冰洲石是完美的碳酸钙晶体，具有双折射性质，可以用来制作尼科尔棱镜；蛋壳、珍珠、贝类、珊瑚，以及某些脊索动物的骨骼、牙齿也主要是由他们组成的。

当你在石灰岩溶洞惊叹于奇特的“喀斯特”地貌时，千万不要忘记，是他们创造了这一奇观：地下水在较高的二氧化碳分压和较高温度下，溶解的碳酸钙较多，当地下水流到山洞中渗出地面，随着温度降低，溶解度下降，析出的碳酸钙日渐积累在渗水的地层表面上，即形成千姿百态的钟乳石。他们也帮了橡胶的大忙：作为橡胶工业中使用量最大的填充剂之一，他们可增加制品的容积，节约昂贵的天然橡胶；获得比纯橡胶硫化物更高的抗张强度和耐磨性。

建筑工地上，随处都是他们的身影——大理石、方解岩……他们扮演着不可或缺的角色。毋庸多言，早在明代他们就已为诗人所歌颂：

笔记栏

石灰吟

于谦

千锤万凿出深山，烈火焚烧若等闲。

粉身碎骨浑不怕，要留清白在人间。

假如你想看到他们最漂亮的样子，那就来看看他们的晶态吧！

无水碳酸钙有三种不同晶态：球霰石、方解石和文石。球霰石属正交晶系，晶体呈球状；方解石属三方晶系，晶体呈立方体；文石亦属于正交晶系，晶体呈长条形。

这三个孩子长相不同，性格迥异。方解石很稳定，经常乖乖地待在水里，纯水溶液中的碳酸钙晶形全部是方解石晶形；文石则稳定性稍差；球霰石最不稳定，在化学反应刚刚生成碳酸钙时，球霰石拉开幕，露一小脸，然后就变成稳定的方解石。

可是，球霰石这个坏孩子总是离家出走，要不就是藏在乙醇里，要不就是和邻居那些叫高分子的孩子——PVA、PAA、PVP 他们在一起。这些高分子物质的水溶液是她的栖息之地。她对环境的要求可高了，非要在特定的浓度下才能找到她呢！有时候却又偏偏要和高分子固体在一起，在研磨颗粒中才能看到她的身影。

更可气的是，她还常常跑到胆里面！看到她，胆红素全都围上来，同她表面的钙离子形成胆红素钙，这样包了一层又一层，最后竟成了胆结石（主要针对色素型胆结石而言。

只有胆盐管得了她：胆盐多了，胆红素钙不易形成，她也就不

笔记栏

那么猖狂了。可是由于胆盐浓度不够高到彻底抑制结石生长，加之生物个体存在差异，以及胆汁内部环境受外界的影响，胆结石发病率仍然很高。胆固醇型结石形成机理比较清楚，已经有比较有效的治疗方法；而色素型胆结石仍无有效的治疗方法。科研工作者甚至考虑过利用活性炭吸附胆红素，防止胆红素与钙离子反应，可是收效甚微。

当然，她也会跑到牛的胆里形成胆结石，不过这倒是帮了中医的大忙：牛的胆结石就是牛黄啦。

这三个孩子可是极其相似的三胞胎哦！怎样才能分清他们呢？X 射线粉末衍射是很好的方法，三个人的谱图细节处各不相同。当然，更直观的就是给他们照相——做电镜扫描啦！

说了这么多，差点忘了，球霰石有一忠告托我转达给那些不吃早饭的和不按时吃饭的人们：无论是忙于做实验，还是急于上课，一定要吃早饭！按时吃饭！身体是革命的本钱哦！不吃早饭可是容易得胆结石的！

（贺竞）

笔记栏

密室杀人凶手——一氧化碳

夜，新手间谍 fyjqt 在自己狭小的房间内，坐于窗台前，取出刚刚从 A 国情报人员手中窃得的重要情报。情报被装在一个密封的圆筒（有点像画筒，但是口径比较大）中，筒的封口处被一层上面有特殊花纹的蜡裹住，并连接着几条看似装饰性的带子，筒的上端有一个诡异的表盘。从外表看，这个圆筒没有太惹眼的地方，但是 fyjqt 却相当地紧张，因为他知道里面情报的价值，而他只有一个小时的时间来解读情报，一小时后必须将圆筒重新封口送回，否则有暴露身份的危险。

fyjqt 印下那层蜡上面的花纹，然后取过蜡烛，对着封口处烤，蜡化开了。他心情异常激动，因为这毕竟是他的第一次任务。fyjqt 紧张地拧开了封得异常紧的筒盖。

……

第二天早上，A 国情报机构发现，fyjqt 死在自己的房间内，尸体倒在地上，并没有挣扎的痕迹，面部表情无痛苦。房间是密闭的，只有 fyjqt 自己，窗帘和桌边的一些文件被部分烧毁，且有被室内自动灭火系统喷洒过

笔记栏

水的痕迹。圆筒已经被打开（筒是双层的，中间有一个隔板，隔板上面刻有一些相当细小的、需要通过放大镜才能辨认的字迹；隔板边缘有一些小到难以察觉的孔隙）。房间内没有检测出任何有毒物质。就这样，fyjqt 很诡异地死了。

没有人知道 fyjqt 是怎么死的，只有拿着情报筒的 A 国情报官员在那里坏笑。是谁杀死了 fyjqt？

凶手就是今天的主角一氧化碳。他被封在圆筒的隔层内。fyjqt 打开筒盖后，发现隔板上有细小的字迹，于是便就着放大镜仔细辨认。但是不幸的是，就在他凑近圆筒时，隔板上微小的红外检测器感应到正上方的热量，封在隔层内的高压纯一氧化碳气体便透过隔板上的细孔喷出，因为采用了消音设备，所以 fyjqt 并没有发觉气体泄漏。而他为了尽快得到情报，精神高度集中地一直把头凑在筒口处辨认字迹，从而吸入了大量的一氧化碳，不一会儿便失去知觉，瘫倒在地。当一氧化碳泄漏到一定程度时，筒内机关（上文提到的诡异表盘便是测压计及机关所在）点燃筒口处的几条特殊材料的带子，使得剩余的一氧化碳得以燃烧，同时也巧合地点燃了窗帘和桌上的文件，使火势稍微变大，引发了自动灭火系统喷水。由于一氧化碳燃烧变成二氧化碳，所以屋内并没有发现任何有毒气体。

至于一氧化碳是怎么毫无声息地把 fyjqt 给杀了的呢？这就是他的性质了。

有一个谜语——左侧月儿弯，右侧月儿圆，弯月能取暖，圆月能助燃，有毒无色味，还原又可燃，描写的就是一氧化碳。

一氧化碳是一种无色、无味的气体，他最大的危险性是让人于不知不觉间中毒，然后无声无息地死去。众所周知，在人体内，氧气与

笔记栏

血红蛋白结合，然后结合体被运输到全身需氧细胞，之后氧气与血红蛋白分离，氧气进入细胞并被使用。当吸入一氧化碳后，他抢先与血红蛋白结合，生成很稳定的配位化合物碳氧血红蛋白。一氧化碳与血红蛋白的亲和力要比氧与血红蛋白的亲和力强 230~270 倍，碳氧血红蛋白解离比氧合血红蛋白解离慢大约 3600 倍。另外，碳氧血红蛋白的存在还抑制氧合血红蛋白的解离，阻抑氧的释放和传递。这样就造成机体急性缺氧血症，即所谓体内缺氧。一氧化碳浓度较高时，还能与细胞色素氧化酶中的二价铁相结合，直接抑制细胞内呼吸。

一氧化碳中毒程度与患者接触气体的浓度和时间有关。当浓度为 0.02%，接触 2~3 小时，即可出现症状；当浓度为 0.08%，接触 2 小时，即可昏迷。空气中有千分之一的一氧化碳，就能使人在半小时内死去。可怜的 fyjqt！

所以，我们如果不想像 fyjqt 死得那么惨的话，最重要的就是不在可能产生一氧化碳的情况下将环境封闭。通风透气是解决问题的好办法。现实生活中最容易有一氧化碳出现的地方就是厨房中的煤气了，不过好在煤气供应商已经在煤气中添加含有刺激性气味的气体。万一煤气泄漏，也容易察觉，可以及时采取有效的防范措施。在通风条件下吸入新鲜空气可以使轻度症状消失，有条件者应给予吸氧治疗，并注意保暖。对于中毒较深的昏迷者，甚至心跳呼吸微弱者，应该立即进行人工呼吸，并送入医院抢救，清醒后接受高压氧或光量子治疗，以防后遗症的发生。

另外，汽车尾气也是一氧化碳的来源之一。

虽然一氧化碳不是什么很可爱的东西，但是人们也可以把有危害的东西拿来利用。

一氧化碳燃烧时发出蓝色的火焰，放出大量的热，生成二氧化碳。因此，一氧化碳可以作为气体燃料，而且产物无污染（如煤气中就有一氧化碳）。

一氧化碳作为还原剂，高温时能将许多金属氧化物还原成金属单质，因此常用于金属的冶炼，如将黑色的氧化铜还原成金属铜，将氧化锌还原成金属锌。

一氧化碳在加热和加压的条件下，能和一些金属单质发生反应，生成配位

笔记栏

化合物，如四羰基镍、五羰基铁等，这些物质都不稳定，加热时立即分解成相应的金属和一氧化碳，这是提纯金属和制取纯一氧化碳的方法之一。

另外，羰基合成产品的重要性越来越不可小觑，可用作溶剂、增塑剂、涂料的原料和催干剂、润滑剂、洗涤剂及中间体等。

（曾江帆）

笔记栏

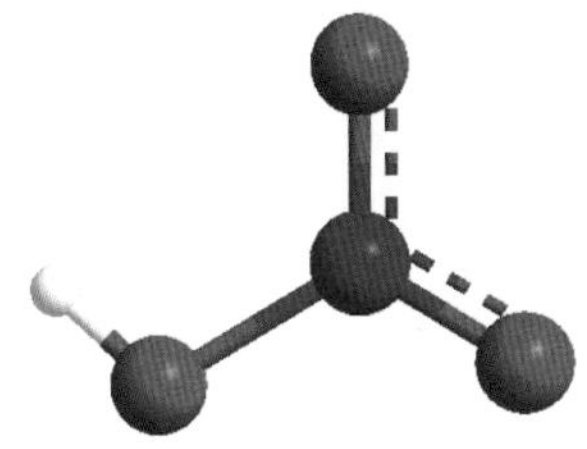

正义还是邪恶
——硝酸

我是主角硝酸。

尽管我十分常见，但想看见纯净的我并不容易。在 0℃以下，将浓硫酸和硝酸钾在暗处混合，并且全部使用玻璃仪器，在真空无油脂的条件下进行真空蒸馏，在低于其凝固点的温度下收集方可得到。

我通常都是无色的液体，在 −41.6℃以下转化为白色晶体，在这一温度以上时会不可避免地部分分解为二氧化氮和氧气，而二氧化氮的存在，往往会使我显黄色，当二氧化氮浓度较大时，甚至会形成红色。

想大规模地见到我，同样不是可以一步到位的事。氨和氧气在铂这个“大媒”的帮助下结合，生成一氧化氮，一氧化氮再和氧气与水反应，才会出现硝酸。

总会有人说我“抢”人家的电子。当浓硝酸与碳、硫、磷、碘相遇时，往往会“抢夺”别人的电子，形成一氧化氮；而遇到大多数金属时，会“抢”来电子形成二氧化氮。当硝酸与水的比例不同时，很多时候还会有一氧化二氮、氨等产物生成。别看那些分子在抱怨，其实他们都明白，我只是帮助他们变得更稳定，他们不过是对我的霸道有点不满罢了。

俗话说，一个好汉三个帮。总会有些金属不喜欢被“抢”。当我遇到金、铂时就束手无策，这时候盐酸就会跑过来帮助。盐酸不“抢”电子，只是处理形成的离子罢了。当然，氟化氢有时也会帮助处理下钽这种金属。当二氧化氮与我结合时，就会产生一种具有强氧化性的物质，曾经作为火箭燃料中的

笔记栏

氧化剂。

当浓硝酸与浓硫酸结合时，就会有硝基正离子生成，这下子，很多有机物就能被硝化了。

一提到我，很多人首先想到的就是炸药、战争，因而我从来都不受大家的欢迎。从中华大地上第一声黑火药的爆鸣，直至今日，炸药已经发生了很大的变化。

9 世纪，中国炼丹师们就发明了黑火药。

1771 年，英国人沃尔夫合成了苦味酸。1885 年法军用于填充炮弹以后，苦味酸在军事上得到了应用。作为黄色炸药，苦味酸在 19 世纪末使用非常广泛。

1838 年，佩卢兹发现棉花浸于我中之后可爆炸。1845 年德国化学家舍恩拜因将棉花浸于我和浓硫酸中，发明出了硝化纤维。1860 年，用硝化纤维制成子弹、炮弹的发射药。

1846 年至今，炸药经历了一个高速发展的时期：硝化甘油、TNT、RNX、HMX、HNIW、ONC 等将炸药的威力不断提升。

回顾历史，炸药的确给世界和平带来了巨大的伤害。这一点我有不可推卸的责任，但这并非全部都是我的过错，人类也应当反思自己的行为。

其实，我在人类的生产、生活中一直起着很大的作用，只是人类很少意识到。采矿、工程爆破、金属加工、地质勘探，都离不开我。我的盐作为化肥，更是不可或缺。

除此之外，三硝酸甘油酯和纤维素二硝基酯（焦木素）溶于醚和醇后，得到火棉胶，干燥后可生成硬而透明的纤维素二硝酸酯膜。

我的盐在医学史上更是有优良的传统。硝石，即硝酸钾。古代的阿拉伯医生首先对硝石在医学上的用途进行了鉴别，并配制药物。12 世纪，硝石的使用十分盛行。到 17 世纪，硝石甚至被认为是包治百病的药物。随着人类科技的发展，到 19 世纪中后期，这种说法才被认为有片面性。尽管如此，硝石在两个方面的应用还是得到了肯定：减轻水肿和镇痛消炎。

笔记栏

可以说，如果不考虑人类自身的征战，我对于人类历史还是有着巨大贡献的。

路漫漫其修远兮，吾将上下而求索。让我们大家为了分子共和国的健康发展贡献自己的光和热吧！

（孙少阳）

有机城堡

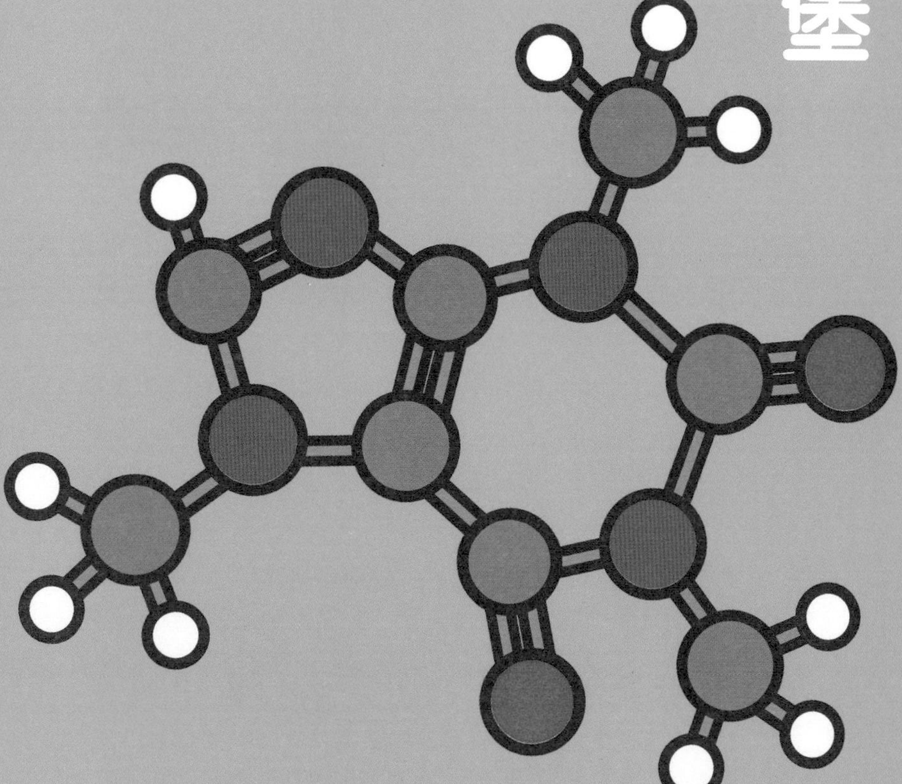

笔记栏

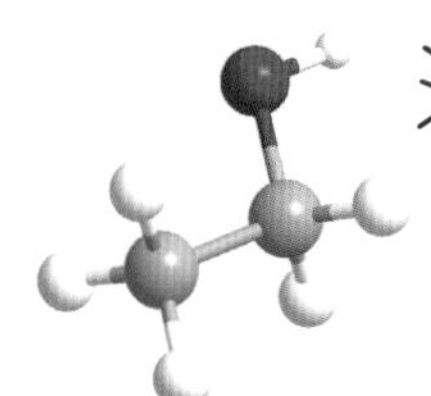

酒分子国和醋分子国——乙醇和醋酸

这里要介绍的酒精分子，不是写地球分子国中的一个民族乙醇，而是写宇宙中有一个乙醇分子国，简称“酒国”。另外还有乙酸分子国，简称“醋国”。这两个国家都是单民族国家，但人口很多。

我们诞生在宇宙年龄3万~300万岁，而地球弟弟的出生要比我们晚得多，大概在宇宙年龄100亿岁以后了。换句话说，地球的年龄只有46亿岁，而我们有150亿岁了。我们的质量要比地球弟弟大100倍。我们是气体，我们的密度仅是地球的几千分之一，所以我们的体积比地球大几十万倍，我们是一片酒分子或醋分子组成的云彩。我们喜欢跳旋转舞，在跳舞的过程中发出微波波段的电磁波，形成分子的转动光谱。人类用射电望远镜观察到我们的分子转动光谱与地球上同一分子的转动光谱完全一致，且和理论计算的结果符合，这样才确认发现了我们。人类还用射电望远镜估计我们分子国的疆域大小。

人类用射电望远镜在宇宙星系之间发现了50多种星际分子的转动光谱，如H、N、O、CO、CO_2、H_2O、NH_3、CH_4、PH_3、HCN、HCCCN、

笔记栏

HCCCCCN、HCCCCCCCN、HCCCCCCCCCN 分子等，最后几个分子在地球上还没有合成呢！这些星际分子都是我们的兄弟姐妹，年龄也都在 3 万 ~300 万岁。

1985 年，柯尔、斯莫利、克罗托尝试在地球上人工合成最后几个分子，他们用石墨碳电极的电弧来模拟天空的闪电，希望得到上述分子，并用质谱仪来分析得到的产品。质谱图在分子量 720 处有高峰。经过反复研究，确定产品是 C_{60}。虽然没有得到原来希望的星际分子，他们却“种豆得瓜”，发现了 C_{60} 这个明星分子，并在 1996 年获诺贝尔化学奖。

和地球分子共和国是多民族分子国不同，我们是单民族分子国，人际关系非常简单。我们从来就是欢乐地旋转跳舞，没有听说过什么叫作战争。但在这与世无争的乐园住久了，就会觉得生活非常单调，也会觉得厌烦。

我们住在离地球非常非常远的地方，从地球分子共和国到酒国或醋国，要乘坐“神舟 600 号光子飞舟”，经若干亿年才能到达。

爱因斯坦曾经虚拟过一个光子飞舟，他在梦里坐着自己虚拟创造的光子飞舟飞行，因为飞行速度和光速一样快，他看到从太阳发来的光不动了，变为一连串的波包。他在 1905 年写了一篇关于光量子理论的文章，圆满地解释了光电效应，为人类 20 世纪最伟大的科学发现之一——量子力学理论奠定了基础，并在 1921 年获诺贝尔物理学奖。

（徐光宪）

笔记栏

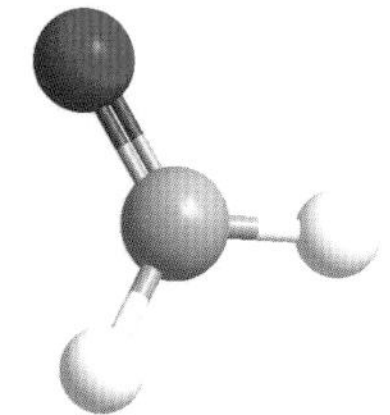

江湖剑客——甲醛

甲醛（独白）：世界上有两种人不会有嫉妒心，要么太骄傲，要么太豁达。我出道的时候，认识了两个人，一个叫水，一个叫硫酸。每年中秋，硫酸都会来找我比剑。三招之后，坐下喝酒，浇灭我俩的痛——水之痛。

甲醛（独白）：那一年，江湖上的人都说，硫酸被水斩去了双臂。中秋，他果然没来。第二年，他来了，胳膊却还在。但他已经不记得从前的事。既是能找到我这里，从前的事情，我相信他忘不掉。

硫酸：我来了。亮剑吧！

（甲醛拔剑）

硫酸：呵，你的剑很特别，何故剑身上刻了这许多格子？

甲醛：十年前你已问过。

硫酸：你知道，我失忆了。

甲醛（苦笑）：义父训示，凡我门下，兵刃既出，务求定量。是以我这剑刻痕作记，三格一寸。我叫它“刻度尺”。

硫酸：你的剑招也是分毫不差。

甲醛：越简单的招式越能致命。最近江湖上新出道的一众小辈

笔记栏

使一种古怪兵刃，名为曲线板，在我看来，功用却有限得很。

（一片寒光掠过，黄叶漫天）

硫酸：好一招sp^2，剑气所及，直冲三方，上下盘更有π掌真气护体，果真密不透风。

甲醛：这么多年来，只有氢氘门的紫外真气能破得了我这一招。以硫酸兄你的功力，只能闪避。

硫酸：不错，领教第二剑！

（两团剑花相击，残枝遍地）

硫酸：哼，我的sp^3，你便破不了了。

甲醛：若在当年，我也能用这招防住。

硫酸：当年？

（数年前端午，飞瀑下）

水：醛哥，我们双剑合璧，威力好像增加了几倍！

甲醛：不错，你我合招，正是传说中的sp^3，剑气四出，攻无不克！

水：哎呀，真难听。我们给这一招取个新名字吧，特别一点的。

甲醛：那就叫偕二醇吧！

（回到中秋）

硫酸：醛兄，你又走神了！

甲醛：因为用剑指着我的，不是敌人，是我唯一的朋友。

硫酸：我知道你在想什么。

甲醛：你不是失忆了？

硫酸：呵，不错。但我想你该记得，当年邢其毅大师早有断言，偕二醇一式，势难稳定；况且那时她已升温，离开你，是迟早的事。

甲醛：我知道，这和她无关，错只在我。

硫酸：不，你也没错。有些事情，本不是我们可以决定的。这就叫定律。来试第三招吧！

甲醛：（剑缓缓举起，又放下）我输了。

笔记栏

硫酸：为什么不出招？

甲醛：剩下的招数不能对付你。况且，我也不想再用。

硫酸：哦？

甲醛：这半年，江湖上几个组织被挑，你知道吧？

硫酸：听说了一些。黏膜会、上皮帮、神经派，都出事了。

甲醛：是我做的。

硫酸：我猜到了。看到他们总舵镇子上的银氨塘旁边开了间银镜铺，我就知道你去过。不过如此严密的组织竟被你挑了场子，我真很难想象。

甲醛：只要是组织，就有蛋白质；有蛋白质，就有弱点。氨基就是弱点。

硫酸：所以与你交手的蛋白质都转了性，组织也就面目全非了？

甲醛：如果你不是这么聪明，我也不会与你相熟。

硫酸：还有一点我不明白。你怎么能接近他们？

甲醛：如今的帮会哪个不讲排场？只要他们大兴土木，运料装潢，我就有匿身之所。况且听命于义父的，不止我一人，可“聚合”而动。多少年来义父广收年少甲醇，或洗去纯氢之气，或授以纯氧真气，不多时他们便和我无二。义父门下有多少弟子，连我也不清楚。

硫酸：你在流泪。

甲醛：（转身，背对硫酸）我这种人没有感情，怎会流泪！

硫酸：呵，没感情，你会当我是朋友？

甲醛：我只是内伤发作。本门内功诡谲非常，走出这山谷，体内便多出一道纯氧真气扰乱心脉，若想还原，调理不易。除非任务完成，义父才会助我们还原。

硫酸：原来他用这样的手段控制你们。你甘心过这样的日子？

甲醛：（挥剑乱砍）你以为我愿做这一行？你以为我晚上不做噩梦？你以为我眼看一个个孩子倒在面前，心里便痛快？

硫酸：如果我这样认为，便不会来找你喝酒。

笔记栏

甲醛：其实我从小就知道，义父对我们只是利用。那时他就让我们以海鲜练功，然后把那些看似更新鲜的海鲜转手。他想不到，收钱时被我看到。

硫酸：你可告诉过其他人？

甲醛：没人相信。我想过洗手

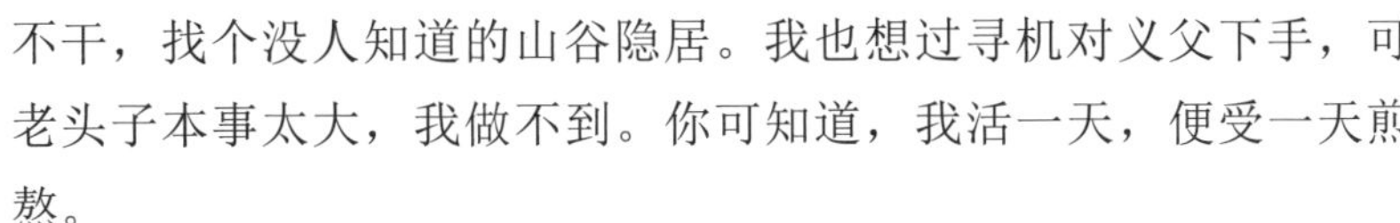
不干，找个没人知道的山谷隐居。我也想过寻机对义父下手，可老头子本事太大，我做不到。你可知道，我活一天，便受一天煎熬。

（一年前）

季戊四醇：（对硫酸）且夫天地为炉兮，造化为工；阴阳为炭兮，万物为铜。合散消息兮，安有常则？千变万化兮，未始有极；忽然为人兮，何足控抟；化为异物兮，又何足患！

硫酸：（对水的姐妹）请帮我把这两个氢离子转交给水，请她不要怪我。再帮我谢谢她。

（硫酸断去双臂）

水：（独白）傻瓜，我早已不怪你了。

碳：（对硫酸）在氧化还原过程中，你会失去曾经的所有记忆。你要考虑清楚。

硫酸：我当初既然选择了放弃氢离子，现在又何惧再入一次轮回？

（硫酸重生）

季戊四醇：（对硫酸）抹去你的记忆，是不想你被记忆压垮；既然你已然做得到放开一切，留下记忆却也算多添修为。

（复回中秋）

硫酸：世上没有杀人的武功，只有杀人的人；剑能杀人，也能救人。你

笔记栏

可知道你曾救过百十条人命？还有，你可知道你义父培养的杀手并不只你这一种？近年横行江湖的硫黄、吊白块、苏丹红等都是你义父一手培养的。江湖上也不只你义父一人工于此道，行事如你义父者何止千百，就算你有本事除去一个，只会有更多的“义父”出现。

甲醛：那……

硫酸：假若你门中一众人等各守规矩，诸门派严持操守，江湖秩序重建，你义父无利可图，自然收手，也不会有人效尤。

甲醛：我一人之力，只怕……

硫酸：自然不是你一人。各大门派已有所觉，正待联手而发，重振江湖。你只消恪守道义，便是大功。

甲醛：（独白）很多年后，我搬去了另一座山谷。我的一干同门，也来与我同住。一同来的，还有水、水的姐妹。我们是朋友，很好的朋友。

甲醛：（独白）我们和水一道修起了座庄园，牧马，造林。我们有了新的工作，同样替人消灾——防腐。因为江湖朋友认为我们造福苍生，于是送这园子雅号——“福尔马林”。

甲醛：（独白）世上没有杀人的武功，只有杀人的人；剑能杀人，也能助人。

（王冠博）

笔记栏

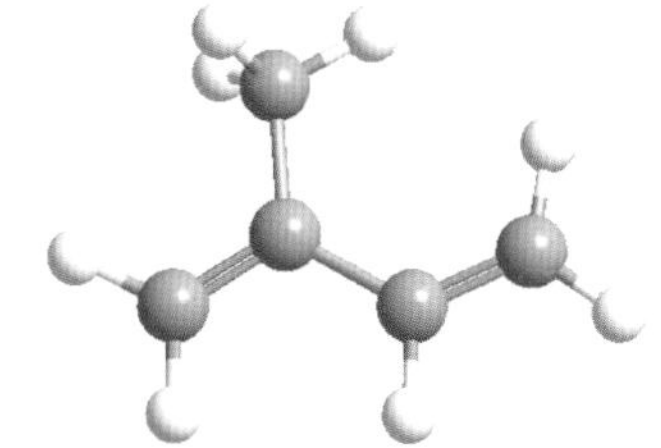

异戊二烯和他的家人们

橡胶在人类工业化历程中起着举足轻重的作用，卓越的性能使它在众多地方起着不可替代的作用。说到橡胶，我们不得不提起天然橡胶，就不能不谈起这次的主角——异戊二烯。

异戊二烯是一种比较特殊的双烯烃。他有一个分叉，他的主干上的四个碳原子通过电子的流动形成一个整体，这就允许他的双头分别和其他原子相连，而且他也可以在两个相邻碳原子上各连一个其他原子（当然这个原子还可以连上其他原子）。这使异戊二烯具有强大的构造分子的能力。他们可以头尾相连变成长链，这就是天然橡胶。他们可以头碰头，尾连尾，也可以成环。以异戊二烯为母体派生出一系列有强大功能的分子：维生素、紫杉醇、羊毛固醇（其他固醇的前体）、赤霉素……这些物质通称为萜——一类种类繁多、有重要生物活性的脂质。

工业上异戊二烯多来源于石油化工裂解。植物利用乙酸合成异戊二烯。三分子乙酸先和一种辅酶结合，然后在辅酶的作用下，先生成异戊二烯－焦磷酸复合物，然后直接脱去焦磷酸，生成异戊二烯，或者多个异戊二烯－焦磷酸复合物在特定酶作用下脱去焦磷酸，并进行修饰，形成特定萜。

那就让我们看看异戊二烯和他的家族成员们的强大功能吧！

类胡萝卜素：使植物产生黄色或橙色，作为一种展示给动物的信号；在叶绿体内协助叶绿素收集、传递光能，由于他能吸收绿光，在一定程度上提高了植物对绿光的忍耐力，减弱了强光对叶绿素的破坏作用。有些类胡萝卜素可以

笔记栏

在动物体内转化为维生素 A。

维生素 A：又被称为视黄醇，是视网膜所必需的营养物质，被氧化后称视黄醛。视黄醛与特定蛋白质结合后对非特定波段的光或特定波段的光敏感。吸收光后视黄醛构型改变，产生动作电位，进而产生视觉。维生素 A 也对免疫系统起重要作用。

类固醇（未必严格属于萜，但必来源于一类萜——羊毛固醇）：包括胆盐（胆汁的活性成分之一）、性激素（雌激素、雄激素、孕激素）、肾上腺皮质激素、胆固醇（减小细胞膜流动性受温度的影响）。

赤霉素：促进植物生长，保花保果；和脱落酸相拮抗，从而调节植物生长。

紫杉醇：抗癌药物。

异戊二烯自身也有保护叶子免受高温伤害的作用。

（杨熹）

笔记栏

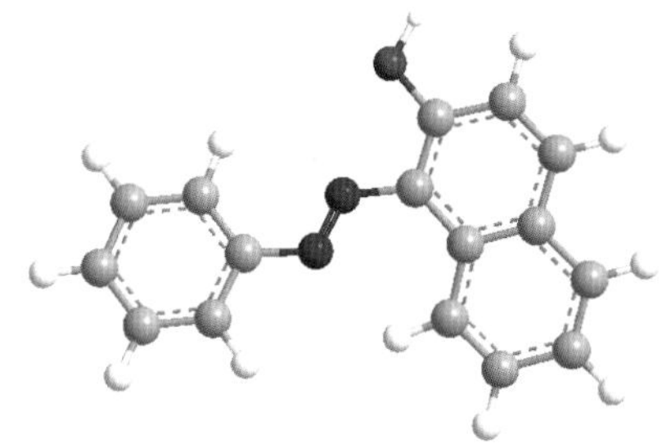

苏丹红专访

2005 年，中国发布了《关于加强对含有苏丹红（一号）食品检验监管的紧急通知》，要求分子共和国将苏丹红引渡至中国接受审讯。这是继 2003 年法国和 2004 年英国之后，又一个要求逮捕苏丹红的国家。为此，我们专门走访了分子共和国监狱，通过对监狱长硝酸的专访，以及与在押的苏丹红本人的对话，了解到了一些情况，以下是我们的谈话记录。

记者（以下简称“记”）：请问苏丹红是何时何地，因何事被逮捕的？

硝酸（以下简称“硝”）：1918 年以前，苏丹红在美国被允许作为食品添加剂使用，但后来美国又取消了这个许可，理由是他不安全。欧盟则认为苏丹红能够使哺乳动物患上癌症，在 1995 年禁止使用苏丹红作为食品添加剂。可是因为他能够使辣椒粉等调料的颜色变得非常鲜艳，仍然有地方在偷偷地使用，使用他的厂商通常辩解说他们是不慎引入苏丹红的。2003 年 5 月 9 日，法国报告发现进口的辣椒粉中含有苏丹红成分，随后欧盟向成员国发出警告，要求各成员国禁用苏丹红。2004 年 6 月 12 日，英国食品标准署同时发出两个警告，要求禁用苏丹红。今天，中国也发布了类似的警告。我们尊重各国的统一意见，决定将苏丹红关押起来。

记：他真的有那么危险么？

硝：给你引用一些别的国家提供的材料吧。国际癌症研究机构将他归为第

笔记栏

三类可致癌物质。有研究表明，含有他的染料可以导致动物患上癌症。对小鼠的试验也显示小鼠肝脏上长了肿瘤。在将染料直接注射入膀胱后，膀胱也开始长肿瘤。

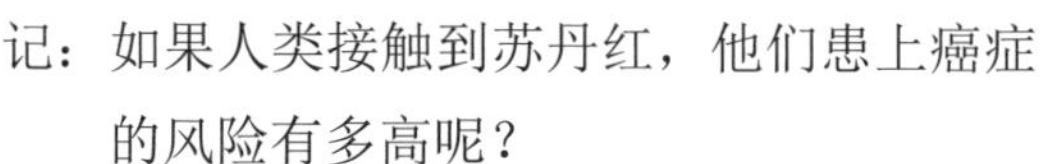

记：如果人类接触到苏丹红，他们患上癌症的风险有多高呢？

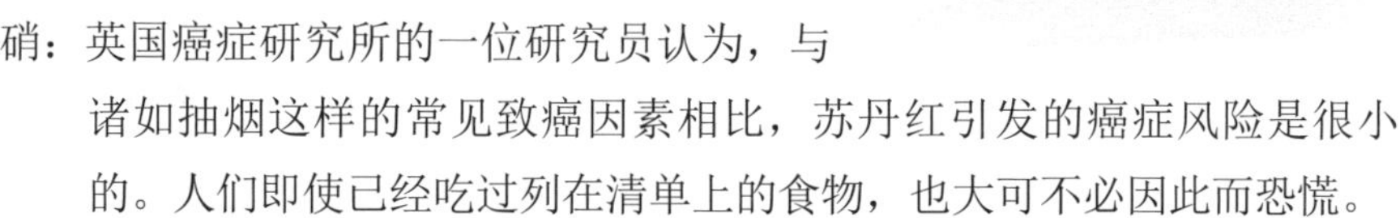

硝：英国癌症研究所的一位研究员认为，与诸如抽烟这样的常见致癌因素相比，苏丹红引发的癌症风险是很小的。人们即使已经吃过列在清单上的食物，也大可不必因此而恐慌。

记：那么人类怎么能在食品中发现苏丹红呢？

硝：人类真的很厉害。他们的分析仪器是非常精密的。根据欧洲健康与消费者保护综合委员会第四分委员会提供的标准，含有苏丹红的待测物可以经乙腈提取，然后过滤，滤液用反相高效液相色谱仪进行色谱分析，以波长可变的紫外－可见分光光度检测器定性与定量。定量可以使用标准曲线法或标准加入法，检测波长分别为 432 纳米、478 纳米和 520 纳米。确证苏丹红可以使用液相色谱－电喷雾离子化质谱联用技术，通过比较试样峰和标准样品峰来确定。

记：谢谢您！我正好学过一学期的仪器分析，您讲的非常清楚。可是一般老百姓不明白这些，他们怎么快速检验出苏丹红呢？

硝：如果人们怀疑某种着色剂可能是苏丹红，可以看它是否易溶于水。当然最好的方法是送至专业质检部门检测。

记：您能够讲一讲苏丹红的致癌机理吗？

笔记栏

硝：可以。可能的致癌机理是苏丹红在人体内分解出苯胺，苯胺诱发肝脏细胞的基因发生变异，从而增加人类患癌症的风险。大量接触苯胺，导致血红蛋白无法结合氧，使人罹患高铁血红蛋白症。

记：您说他主要是诱发肝脏细胞基因变异，那么人类为了确证一个人因苏丹红致癌，是不是只要检查他的肝脏就可以了？

硝：是这样的。人类如果想快速知道是不是因苏丹红受害，建议检查一下肝脏。长期食用含苏丹红的食品，可能会使肝脏DNA结构发生变化，引发肝脏病变。

记：谢谢！打扰了您很长时间，真过意不去。我们还要去和苏丹红本人聊聊，再见。

硝：不客气，再见。

从硝酸监狱长办公室出来后，我们在监狱工作人员醋酸的带领下，见到了苏丹红本人。

记：你好！你能告诉我你的全名和结构式吗？

苏丹红（以下简称“苏”）：我叫1–苯基偶氮–2–萘酚，分子式 $C_{16}H_{12}N_2O$，人们都叫我苏丹红一号（Sudan I），大多数情况下就简称为苏丹红。我是一种工业用油溶性偶氮染料，在工业应用中也被称为溶剂黄14或油溶黄R。

记：谢谢！苏丹红一号与苏丹红四号有什么区别？

苏：我们有兄弟四个。我是苏丹红一号，人们说我在肝细胞研究中显现可能致癌的特性。苏丹红四号和我主体结构相同，他也有致癌性，但存在差别，因此把我们标为一号与四号。

笔记栏

记：你一般出没在什么地方？

苏：请不要用“出没”这个词。我常被人类用于工业方面，主要是用于石油、机油和其他一些工业溶剂中，目的是增色，比如为溶解剂、机油、蜡和汽油增色。有时也用于鞋、地板等的增光。

记：我听说人们经常把你放在辣椒里面使用，这是为什么？

苏：可能有两个原因：一是我不容易褪色，这样可以弥补辣椒放置久后变色的现象，保持辣椒鲜亮的色泽；二是一些企业将玉米等植物粉末用我染色后，混在辣椒粉中，以降低成本，牟取利益。

记：你是从哪里来的呢？

苏：工业生产很简单，苯胺在盐酸中与亚硝酸钠进行重氮化，然后与2-萘酚偶合而成。

记：还有个插曲，非洲有个国家也叫苏丹，这其中似乎还有些误会。

苏：是啊！其实和他们没有任何关系。但是由于最近的食品安全恐慌为苏丹带来了负面影响，苏丹驻英国大使致函英国食品标准署，希望其对此进行澄清，以免给国家带来负面影响，也影响苏丹食品的出口。其实我是一系列以苏丹命名的染料之一，在1896年由化学家戴迪命名。至于当时是如何想到使用“苏丹”来命名的，已经无从考证了。

记：谢谢你的配合，再见。

（刘振飞）

笔记栏

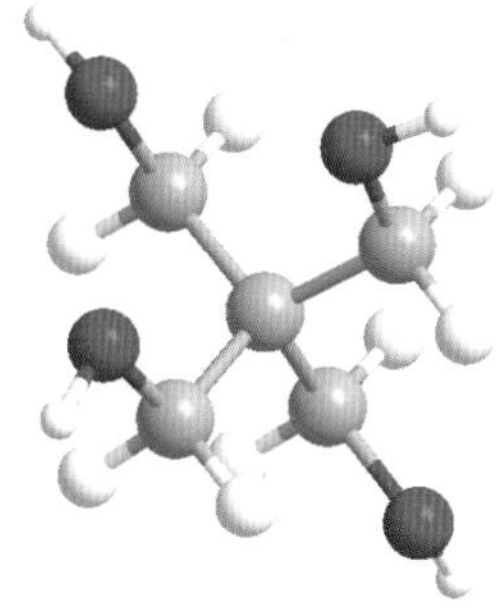

天生的贵族
——季戊四醇

季戊四醇生来就是一个贵族。他并不孤单，还有许多贵族分子和他一样。他们平时不在一起，但是每隔一段时间都会有一次相见的机会——聆听仲裁委员会宣读最近城堡的发展状况。做报告的都是些冠醚老爷爷，他们会挑选一些他们觉得满意的分子，加入仲裁委员会。所以报告会是贵族分子表现自己的场合。

可是此时，季戊四醇却独自一人，远离那个热闹的报告会。这是季戊四醇第一次违反父亲的规定。

窗外的是皓月、流水，季戊四醇耳旁又响起丙氨酸——另一个贵族分子的讥讽的话：“醇自以羟基碳上烃取代数而定伯、仲、叔，你身为伯醇，却不过以季名冠之，颠倒长幼。”

季戊四醇从小便要花很多时间在学习上，父亲请了无数学识渊博的有机分子，这些有机分子教给他各种有机化合物的知识，诸如羰基的邻位碳上的氢具有弱酸性之类。但是季戊四醇却从来没有见过父亲，只是听来的老师说：“我是你父亲请来的。”于是季戊四醇便知道了，自己有一个父亲，而且还是一个能请

笔记栏

来很多分子的父亲。

父亲定下了很多规矩，第一条便是不准离开城堡。季戊四醇每当看到这条规矩时，都会笑笑，城堡的围墙上根本没有门，如何能够离得开？然而季戊四醇不知道这句话后面还有一句："当你离开城堡的那一刻，就意味着死亡。"

满月的夜注定是不平静的。

当第二片云遮住月亮的时候，季戊四醇的房门被撞开了，一个分子仓皇地进来。季戊四醇从来没有见过这个分子，甚至从结构上都判断不出来他是什么。原来世上还有这样的分子，为什么老师们都没有提起过？季戊四醇想。

神秘分子见到季戊四醇，吃了一惊，忽然冲过来，看架势仿佛是要氧化季戊四醇。季戊四醇吓了一跳，丙酮离开好久了，没有办法和自己形成缩酮来保护彼此了，季戊四醇只好谨慎地把自己的四条支链两两相握，以氢键形成两个稳定的六元环。可是神秘分子的氧化性太弱了，似乎连本来的季戊四醇都无法氧化。季戊四醇想了想，忽然把两个六元环朝神秘分子套去，呼地把他套在中间。

神秘分子拼命挣扎，但仍然脱不了身。他忽然停了下来，说："我知道迟早会落在你们手上的。你们要怎么处置我都可以，但这事与尿素无关，全是我勾引她而已，你们不要难为她。"

季戊四醇明白了，原来这是一个逃犯，而且他居然自己就招出同伙了，季戊四醇不禁哑然失笑。然而季戊四醇还是有一点点惊讶，尿素他是知道的，平常是很规矩的一个小女孩儿，而且作为植物王国最重要的天然氮肥，她可是非常重要的分子。况且她太过柔弱，受热即会放出有刺激气味的氨气，听到居然因为这个而影响了她的名声，真是太冤枉了。可是尿素怎么会和这个逃犯同流合污呢？

于是季戊四醇问神秘分子："你叫什么？"

神秘分子略感惊讶地看了季戊四醇一眼，忽然好像明白了什么，说道："我叫氰酸铵，是一个无机分子。"

"无机分子！"季戊四醇不禁叫道。季戊四醇从小十分好问，每次也都能从老师那里得到满意的答案，然而唯独有关那次偶然听到的“无机化合物”这个词，所有老师全都闭口不言，并且仿佛深恶痛绝。季戊四醇只隐约听说，有机化合物是生命力的产物，他们死亡以后，便会以无机化合物的形式消散在空中，不知所终。城堡里是没有无机物的。无机物作为有机物的骸骨，被视为“贱民”而遭排斥。季戊四醇万万没有想到，自己居然还能够在城堡里遇到一个无机分子。然而季戊四醇却似乎不那么排斥无机分子。

“原来无机物是这个样子的。”季戊四醇自言自语道，忽然又问：“你是无机物，你怎么进来城堡的？”

氰酸铵目光闪了一下，大声地说道：“你准备把我怎么样吧？”忽然外面传来一阵分子碰撞的声音，氰酸铵立即不作声了。季戊四醇的眼里忽然闪过一丝狡黠，多年的贵族生活，他还是学会了一点东西的。只听他小声地对氰酸铵说：“你真的不说吗？”氰酸铵没有吭声，但眼里满是倔强。于是季戊四醇仿佛在自言自语：“那么我就出去告诉他们尿素住在哪里了。”

氰酸铵吃了一惊，望了望季戊四醇，又望了望外面，哑着嗓子说：“你怎么……”忽然又顿了一下，说：“你也不知道她住在哪儿。”

季戊四醇笑笑：“我如何不知道，尿素不过是碳酸的二酰胺罢了，当然住在酰胺一族的地方。和单碳二酰胺一间房，对吗？你还不肯说吗？”

氰酸铵瞪大了眼睛看着季戊四醇，忽然叹了一口气：“不是我不肯说，只怕这件事说出来以后，不论在你的世界还是在我的世界，都会引起轩然大波的。”

季戊四醇有一点吃惊，但表面上只撇了一撇嘴，说道：“我不信。”

氰酸铵嘴角闪过一丝隐约的笑意，说道：“好吧，你如果真要听的话，我就说好了。”说着，在季戊四醇耳边悄声言语，只听得季戊四醇的眼睛越睁越大。

笔记栏

窗外的声音已越来越淡了，很快便又是绝对的安静。季戊四醇早料到会如此。自己选了这间房子，便是要远离喧嚣。他总是无法做到“心远地自偏”的境界。此时的房中，季戊四醇已经放开了氰酸铵，但氰酸铵也没有逃走的意思，他知道外面反而要危险得多。

然而，若是此时房里有第三个分子的话，一定会发现情况发生了一些变化。两个分子就这么面对面地站着，但眼神中仿佛有了某种默契。

氰酸铵打破了沉默：“我要走了，带尿素一起走。”

季戊四醇叹道：“你真的准备打破有机物与无机物的现有秩序吗？以后效仿你们的分子会越来越多的。”

氰酸铵脸上浮起一种向往：“秩序是什么？从此便四海为家，天涯相伴。秩序就应当是这样的。”

季戊四醇笑道：“无机世界中许多离子晶体，依靠集体的力量来构筑非凡的结构，我若有机会真的想去看看。”

氰酸铵也笑道：“是啊！你们有机物不过是碳、氢、氧、氮罢了，相互之间太放不开，不像我们，喜欢离子的形态就可以完全地电离。”

季戊四醇笑道：“那你怎么还会喜欢上有机物尿素呢？”

氰酸铵一怔，忽然与季戊四醇相对哈哈大笑。

临别了。

氰酸铵说：“希望你不要仅仅作为有机溶剂，早日突破这个樊笼。无机物的田野上同样精彩。”

季戊四醇点点头：“代我向尿素问个好，让她多待在阴凉的地方，热对她来说太危险。”

氰酸铵忽然吟道：“结庐在人境，而无车马喧。问君何能尔，心远地自偏。采菊东篱下，悠然见南山。山气日夕佳，飞鸟相与还。此中有深意，欲辩已忘言。”声音渐渐地远去，季戊四醇忽然落下一滴泪。这样的朋友，何时才能再次遇见。

笔记栏

后话：

1828 年，德国化学家维勒用加热无机物氰酸铵的方法，成功地制备了有机物尿素，打开了有机合成的大门。

此后，而季戊四醇趁机遍历了无机世界。虽然他没有再遇见氰酸铵和尿素，但怀着一份对老朋友的思念，一路上尽量地帮助无机物田野上的小分子，从此名声大振。

（fyjqt）

笔记栏

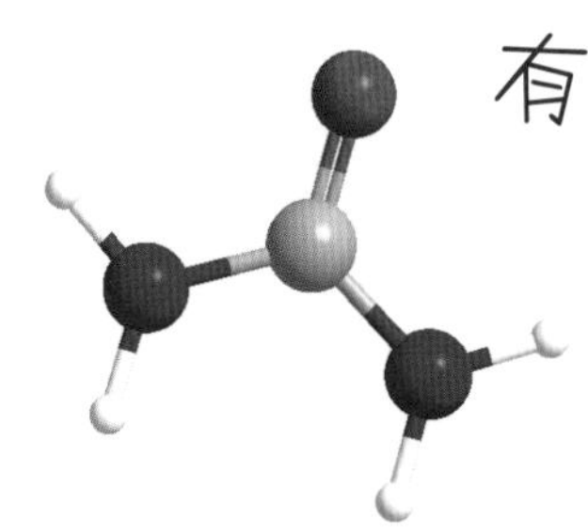

有机世界与无机世界的第一座桥梁——尿素

大家好！应有机阶级与无机阶级团结协会的邀请，我很荣幸地来到这里。我是酰胺家族的成员，我的官方名字是碳酰二胺，但大家都喜欢把我和家乡联系起来而叫我尿素或脲。我最初来自人和动物的尿液中，后来也可以由二氧化碳与氨在高压下转化而来。

我的身材一般，结实而又简单：结实得能承受较高的温度，简单的一个 H_2NCONH_2 就能作为我的画像。我不爱出风头，所以朋友不多，总喜欢隐居于土壤中，默默奉献。

我拥有其他酰胺分子所拥有的大部分能力。此外，我还有一些特点。我们有一个外国朋友氢离子，他很喜欢和我们一对一携手长谈；在国内，我们对

笔记栏

朋友就更亲密了，我们喜欢与一些烷烃和醇兄弟们围成一堆密谈。其实只要氢离子改国籍，变成硝酸或者草酸后，我们也会和他们密谈。其实，这一切都是有着深刻的历史原因的。18 世纪以前，我们被赋予了特权“生命力”，并划归为有机阶级，因而我们自视清高，几乎都隐居于土壤中。终于，无机阶级革命爆发了：伟大的化学家维勒首先让氰酸铵翻身做主，成功地让他成为有机阶级的碳酰二胺，拉开了无机阶级解放斗争的序幕，从此平等、自由的思想开始被我们所接受。我开始有限制地与其他分子接触。现在，我们中的一部分先进的分子已经很成功了。比如，有的与丙二酸二乙酯合作，成为拥有安眠魔力的医生——巴比妥酸；有的和氰酸合作，成为能鉴别蛋白质身份的警察——二缩脲……当然，也有尿素酶与我们不和，他能让我们分裂为二氧化碳与氨，重返无机界。

现在，随着有机界与无机界团结合作的日益加深，我们分子共和国越来越发达，我的能力也不断地被发掘。

（邓鑫星）

笔记栏

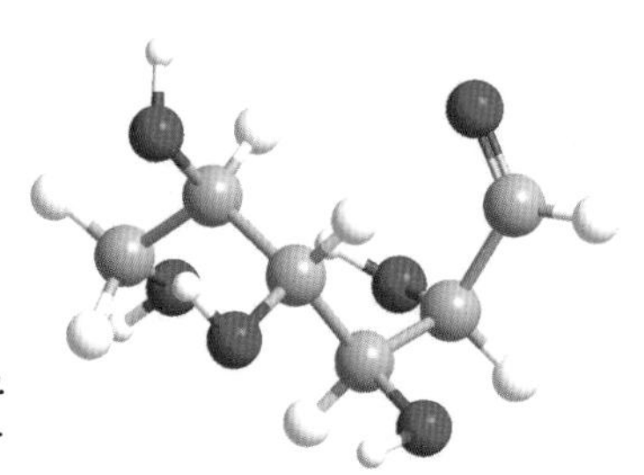

演绎生命的旋律——葡萄糖

时光飞转，当时间老人把岁月的印记逐渐抹去，一切的记忆都显得苍白而无力。亘古不变的，是物质世界的自洽和谐以及自然界的生机盎然。我们在感谢上天赐予世间众生无限力量的时候，是否可以从科学的角度给出解释？正在此时，葡萄糖出现了。

如果说葡萄糖是物质世界的王者，恐怕很多人不会同意。低调的他自然也不会为此争辩。他像一个自由的精灵，在物质世界中悄然地穿梭和变化。生物体因此得到了动力之源和生存之本。葡萄糖是光合作用最完美的作品：他让绿色成为自然界的基调，让人类迸发出智慧之光。试想我们思考过程中消耗的能量绝大部分要靠葡萄糖的氧化来提供，就不得不赞叹葡萄糖对于生物界的巨大意义了。

但葡萄糖毕竟是一个调皮的家伙。在自然界中处处都能找到他的足迹。他既可以以游离的形式存在于水果、谷类、蔬菜和血液中，也可以以结合的形式存在于麦芽糖、蔗糖、淀粉、糖原、纤维素及其他葡萄糖衍生物当中。他的结构和构象的确定也颇费了一番周折。早期，科学家通过大量的实验，证明了葡萄糖是一个含有多个羟基的直链醛。他的化学性质极其活泼，可以与斐林试剂发生快速反应，也可以和乙酸酐结合，以及被钠汞齐还原。正当人们为发现葡萄糖的分子结构而庆祝之时，新一轮的难题又摆在眼前：一些葡萄糖的物理、化学性质不能用糖的链状结构来解释，比如他不具有典型醛类的特性。旋光度的测定进一步证实，葡萄糖有两种不同的旋光度存在。当把这两种旋光度不同

笔记栏

的葡萄糖分别溶于水后，其比旋光度都逐渐转化为 +52.7°。这种奇特的变旋现象让科学家们困惑不已。殊不知这正是葡萄糖鬼精灵的一面，他常常会发生羟醛缩合反应而成环，从而改变他的直链结构。不同构型的葡萄糖还可以相互转变，最后会达到一定的平衡。故旋光度会趋近于某一特定值。1893 年，有机化学家费歇尔正式提出了葡萄糖环状结构学说。一石激起千层浪，众多学者对此产生了浓厚兴趣。1926 年，霍沃思提出用透视式表达葡萄糖的环状结构，并深入研究了葡萄糖环状结构的构象。终于在 20 世纪 40 年代中期和 50 年代初期，哈塞尔等人在解决了环己烷的构象问题后，又接着提出了吡喃型己糖构象；而里夫斯等人通过相邻—OH 间衍射角的大小，旋光度的改变和稳定性的关系确定了椅式的 C1 构象为优势构象，从而成功地揭开了葡萄糖神秘的面纱，其物理、化学性质也就迎刃而解了。

葡萄糖与果糖通过 1−2 糖苷键形成蔗糖，与半乳糖通过 1−4 糖苷键形成乳糖。可惜命运无情地作弄了葡萄糖和他的爱情。众所周知，天然存在的葡萄糖绝大多数旋光性为右旋，而果糖则为左旋。两人性格上的巨大差异导致了感情上的裂痕，因此分手是注定的。“多情自古伤离别”，而葡萄糖和果糖的分手却是异常的平静，没有过多的伤感和眼泪，因为他们知道，迟早有一天，他们会再次相见。也许到那时，他们的角色会相互转变（蔗糖在酸催化下水解为葡萄糖和果糖，葡萄糖和果糖可以通过烯醇式相互转化，这种转化在生物体内酶的催化作用下经常发生）。

（王志鹏）

笔记栏

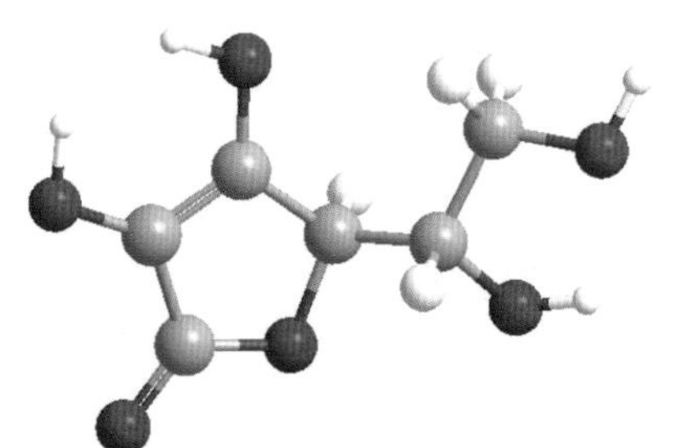

健康守护神——维生素 C

今天出场的这一位，可是大名鼎鼎哦！他就是为我们每个人的生命默默做出贡献的维生素 C。

我们亲爱的维生素 C，又称抗坏血酸。他平时是白色结晶或者粉末，无臭。既然是抗坏血酸，顾名思义，他是一种酸性物质。他易溶于水，但是在有机溶剂中的溶解性就不是很理想了。他的熔点为 190~192℃，但他在熔融的同时也就分解了。关于他的化学性质，最引人瞩目的应该就是他的还原性了。在他的水溶液中加入一点硝酸银，银离子就会被还原成黑色的银沉淀。而把他放在空气中，他会渐渐变黄。所以要密封保存维生素 C 哦！

前一部分是不是让各位看官哈欠连连，非常抱歉，下面就是重头戏——关于维生素 C 的生理活性。

众所周知的应该就是维生素 C 的抗坏血病的作用了。说起来，人类发现这个作用还经历了很长的一段历程呢！早在公元前 1550 年，埃及的医学莎草纸卷宗中已经有关于坏血病的记载，《旧约全书》中也提到了坏血病。自此之后，从古希腊到十字军东征，关于坏血病的记载一直延续了下来。这种疾病还是相当恐怖的，症状是：人全身有广泛的出血点，毛囊角化，关节肿胀；皮下、肌肉、关节出血及血肿形成，黏膜部位也有出血现象，常有鼻出血、月

笔记栏

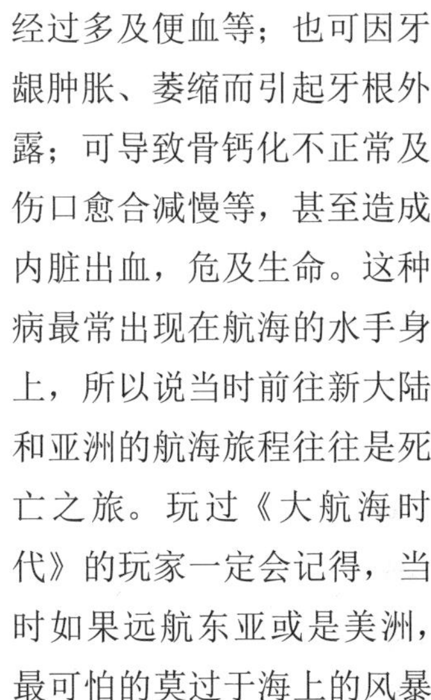

经过多及便血等；也可因牙龈肿胀、萎缩而引起牙根外露；可导致骨钙化不正常及伤口愈合减慢等，甚至造成内脏出血，危及生命。这种病最常出现在航海的水手身上，所以说当时前往新大陆和亚洲的航海旅程往往是死亡之旅。玩过《大航海时代》的玩家一定会记得，当时如果远航东亚或是美洲，最可怕的莫过于海上的风暴

和坏血病的蔓延了。还记得那时候解决坏血病的方法是什么吗？对，就是一只神奇的柠檬。从 17 世纪的英国航海家兰开斯特开始，每天早上三匙柠檬汁成为了拯救水手们的灵丹妙药。

真正掀起维生素 C 盖头的是匈牙利出生的美籍生物化学家圣捷尔吉。他在剑桥大学研究氧化-还原系统时，从牛的肾上腺皮质及橘子、白菜等植物汁液中发现并分离出一种还原性有机酸，他将之称为己糖醛酸。后来发现，这种物质对治疗和预防坏血病有特殊功效。1932 年，他指出以前发现的那种物质是抗坏血活性物质（维生素 C），并称之为抗坏血酸，同时指出这是人类食物中必须有的一种维生素。第二年，瑞士生物化学家赖希施泰因人工合成了维生素 C。他们分别获得了 1937 年和 1950 年的诺贝尔生理学或医学奖。可是如此重要的一种物质，人体却无法合成他。所幸我们对于维生素 C 的需求并不是如此之大，每天 60 毫克而已，而且在新鲜的蔬菜和水果中，维生素 C 的含量还是非常可观的，特别是酸味较重的水果里面的含量尤其多，如猕猴桃、酸枣等。由于维生素 C 不耐高温，在烹调的时候，不宜时间过长、火候过大。

虽然说起来维生素 C 是人类的老朋友了，但是对他的关注一直没有减少

笔记栏

过。他可以维持细胞的正常代谢，保护酶的活性；对铅化物、砷化物、苯及细菌毒素等具有解毒作用；能使三价铁还原成二价铁，有利于铁的吸收，并参与铁蛋白的合成；参与胶原蛋白合成羟脯氨酸的过程，防止毛细血管脆性增加。两次诺贝尔奖获得者鲍林，就曾经撰写了《维生素 C 与普通感冒》，该书于 1970 年出版。由于他的倡导，全世界许多人开始服用抗坏血酸片剂。尽管如此，有研究表明，唯一合理的结论是：维生素 C 不能防止人们患上感冒，但对某些人的感冒症状会起减轻作用。近年来又有人提出维生素 C 具有抗癌作用。癌细胞在增殖过程中必须释放出一种透明质酸酶。这种透明质酸酶将细胞间质的黏性破坏后，细胞才能增殖，而维生素 C 则有抑制透明质酸酶的作用，所以能保护细胞间质的黏性，防止癌细胞的繁殖。如果缺少维生素 C，细胞间质的形成受阻且细胞间质的黏性会被破坏。这不仅给癌细胞的繁殖创造了有利的条件，而且细胞间质松散无力，可使血管壁的通透性增加，也易使癌细胞突破血管壁转移，形成新的癌组织。所以，维生素 C 具有防止癌细胞扩散的作用。还有人提出他与提高小儿智商的关系和作用。维生素 C 虽好，也不能过多摄入哦！服用过量的维生素 C 可能会引起草酸及尿酸结石的形成（摄取钙、维生素 B_6 及每天喝充足的水可以予以调整）。摄取过量时，会引起一些副作用，如腹泻、多尿、皮疹等。所以大家要当心，别把维生素 C 当糖吃哦！

（魏冰川）

笔记栏

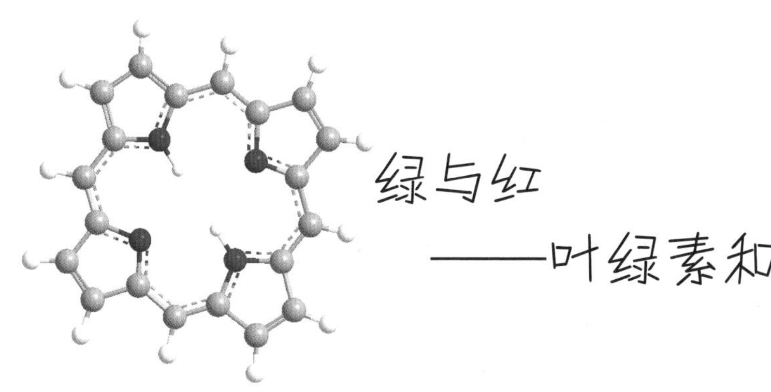

绿与红——叶绿素和血红素

卟啉是一类有着高度共轭的体系，从而有着很强着色性的含氮分子：他可以有效地分散电荷，有着保持自我稳定的韧性；他可接受电子，也可以失去电子。在生物进化过程中，植物和动物不约而同地选择了他。叶绿素和血红素，这两兄弟由于一个含镁、一个含铁而分别带上了鲜艳的绿色和红色，但最后他们殊途同归。

叶绿素，亦称镁卟啉，是由叶绿酸和叶绿醇结合成的分子。叶绿醇属于萜类，是疏水的，他的作用是把叶绿素固定在质膜上（叶绿素分子必须在质膜上才能发挥作用）。叶绿酸就是含有镁卟啉的部分，是叶绿素起作用的主要部分。当光子照射在叶绿素分子上，光子就被卟啉环共轭体系吸收，叶绿素就被激发，之后的事情由这个叶绿素所处的状态（受周围的蛋白质分子影响）决定。如果是聚光色素，他就会把这个光子的能量送给周围的色素分子，自己回到基态。如果是作用中心色素，他会很快送给他身边的去镁叶绿素一个电子（基态不可送出电子），但这时他平白无故少了一个电子，很不爽，就从一个酪氨酸残基上夺一个电子，这样正负电荷分离，正负电荷会分别被传递，正电荷最终被传到水上，造成放氧，而负电荷被烟酰胺腺嘌呤二核苷酸所吸收产生还原型烟酰胺腺嘌呤二核苷酸，NADPH 与传电子过程中产生的 ATP（腺苷三磷酸）共同构成还原力，之后就是一系列激动人心的磷酸糖转变。

与叶绿素有相似之处的分子有藻蓝素和藻红素，他们不含镁，相当于一个打开的卟啉环，他们也可以传递光子，保证藻类在水深较深的海中还能生存。

笔记栏

血红素，我们也可以叫他（亚）铁卟啉，他是血红蛋白和肌红蛋白的载氧中心，同时也是细胞色素还原酶和细胞色素 c 真正携带电子的辅基。但要说明一点，血红素是很脆弱的，在游离状态下，水都可能把他不可逆地氧化为没有生理活性且反而可以促使自由基产生的高铁血红素。卟啉环的存在防止了这种氧化。血红蛋白和肌红蛋白中的血红素铁始终是二价的，由于珠蛋白（血红蛋白有四个亚基，每条肽链都可以被称为珠蛋白；肌红蛋白肽链就是一个珠蛋白）为血红素提供了一个疏水环境，氧在无水环境下不能氧化亚铁离子，氧和血（肌）红蛋白的结合就是一种配体，没有发生氧化－还原反应。细胞色素还原酶和细胞色素 c 中的血红素是电子的受体，他同样不会被氧化；他所得到的电子分散在卟啉环上，并且由于周围蛋白质的不同，细胞色素还原酶和细胞色素 c 的氧化还原电势也不同，他们和细胞色素氧化酶（含铜）共同构成了呼吸链。顺便说一下，铜可以替代铁在血红素中的位置：铜蓝蛋白可以替代血红蛋白运输氧；光合作用中的质体蓝素（含铜蛋白）和细胞色素 c 作用对等。

一个是绿色，一个是红色，两种截然不同的颜色有着相似的特征——卟啉。在生物中，这种大的共轭体系只有两种（另一种是维生素 B_{12}）。正是由于卟啉对氧化还原反应的缓冲，使他成为合适的氧化还原载体——这是生物进化的必然。

（杨熹）

笔记栏

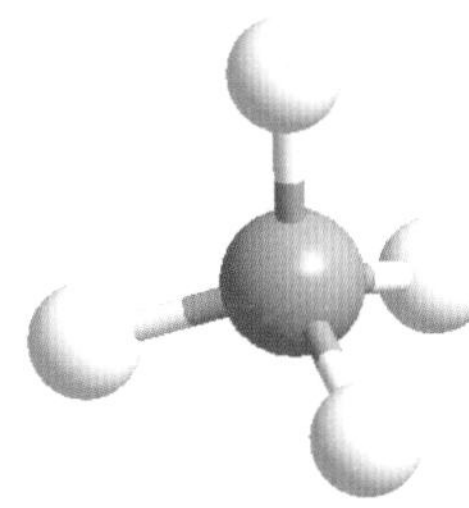

烷烃氏的第一代长老——甲烷

我是有机族烷烃氏的第一代长老——甲烷。别看我身材短小精悍，但我确确实实是这个有着几百万成员的大家族中资格最老、辈分最高、备受大家尊敬的家长。大家大约是在初中课本上第一次听到有机物的介绍的，其中的光荣典范肯定有我。你可以说我没有这个家族中最伟大的“脊梁”——C—C 键，但我可以无比骄傲地告诉你，C 原子和 H 原子共价连接这点已经体现了我们族最伟大的基因。我可以说，我为这个家族敲下了第一块界碑。

好了，不再啰唆我的出身地位了。其实我是个平易近人的人。别看我身份高贵，年事已高，但我仍然是天然气的主要成分，为大家提供光和热。我比煤气那家伙热值高、毒性低，以清洁著称。另外还要告诉大家，在气阀泄露时，闻出的异味可不是我哦！出于安全考虑，我甘愿与硫化物同居一管，尽力为各位燃烧自我，烧出我人生的价值，缔造我生命的辉煌。

当然了！我不老是一副

笔记栏

气态的面孔，最近炙手可热的可燃冰里的可燃气体就是我。我很多时间会偷偷潜入冰中，也算是找个家吧，让自己稳定下来。这也为天然气的开发带来了便利。比如在东海下，我的蕴藏十分丰富。我是多么期盼着能为人类做出贡献啊！当然我也有自己的骨气，像某些人偷偷摸摸地开发利用我，名不正、言不顺，我虽然是小小的分子，但也要深深地鄙视他们。

说了那么多应用，其实我在科学史上也是有很大作用的。想必大家都很敬佩鲍林吧？他一手撑起了价键理论，让化学有了铮铮铁骨。但如果真是这样，我的骨架就要变得畸形了。可事实上我是如此完美地对称着，真是有冤难辩啊！还好鲍林提出了杂化轨道理论。sp^3 杂化轨道，终于为我翻了案。当然后来的分子轨道理论更是表明我是浑然天成的完美。要知道，杂化可是有损纯正血统形象的。

还有两个重量级人物就要数我的两个兄弟多取代烷了，这俩家伙天生就是“双生子”，两兄弟看上去一模一样，但一测旋光度，就原形毕露了，化学家后来才明白是手性在作祟。而且这还是一个很普遍的现象，弄得我有机一族中，孪生兄妹成群。

（陆星宇）

笔记栏

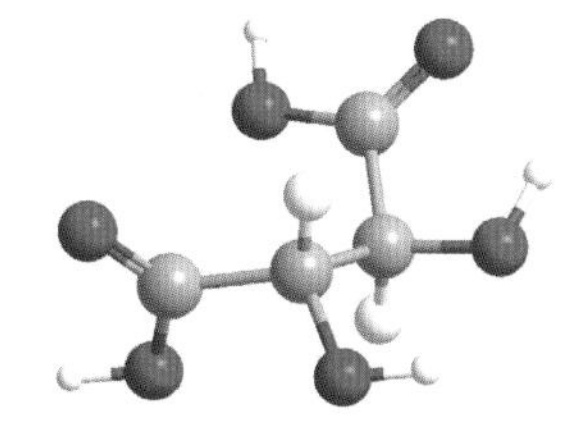

手性拆分领域的元老——酒石酸

我们就是大名鼎鼎的酒石酸。我们和人类很早就结下了缘分，早在古希腊、古罗马时代，人类就认识了我们。不过那个时候，还没有谁能揭开我们的庐山真面目。

我们酒石酸是兄弟三个，长得差不多，所以在很长一段时间里，我们三兄弟都被人们误以为是一个，这也让我们三个很郁闷。

我们的大名叫 2，3- 二羟基丁二酸。老大叫右旋酒石酸，老二叫左旋酒石酸，老三叫内消旋酒石酸。我们三兄弟乍看没什么区别，所以才迷惑了人类那么久，呵呵！

笔记栏

有人就问了，你们三兄弟有什么区别呢？这个是我们兄弟间的小秘密，不过也可以告诉你。我们三兄弟长得比较特别，都有两只手、四条腿，但我们三兄弟身材都不是特别匀称：老大左边的前腿和右边的后腿都比另外两条腿要长一点，也要粗一点；老二刚好相反，左边的后腿和右边的前腿比另外两条腿长和粗；老三又大不一样，两条前腿比两条后腿粗，所以可怜的老三走路老是摔跤。

虽然我们三兄弟长得有点差别，但不细看还是分不出来的。法国科学家巴斯德在显微镜下把老大和老二硬生生地分开了（因为这个，我们兄弟二人成了手性化合物的二元老），可他也说不清楚我们俩究竟长什么样。后来人们居然不顾一切地规定了我们兄弟的长相（在尚无条件测定绝对构型的情况下，德国有机化学家费歇尔任意选择了甘油醛和酒石酸的绝对构型，并由此确定了一系列手性物质的绝对构型）！还好，他们没有搞错（50% 的命中率居然没有错！）。1951 年，酒石酸铷钠绝对构型被测定。如今，借助圆二色谱仪已经可以确定分子的绝对构型。要不然，我们兄弟就只好永远被他们错叫下去了。

不过，我们三兄弟可是非常要好的。我们性格很相近，比如说都喜欢和水亲近，也喜欢和金属离子一起分享我们的电子。像铁离子、铝离子这种“电子困难户”，一般是会得到我们的无私帮助的。因为这个，人类常常让我们和金属离子结合，让他们不再捣乱。

我们酒石酸兄弟是有机酸家族的骄傲，因为我们在和碱部分中和之后，pH 值就固定了，因此被人类定作 pH 值的标准之一（标准缓冲溶液之一——饱和酒石酸氢钾 pH=3.56±0.01）。在整个分子共和国，能享受到这一殊荣的，除了我们家之外，就只有硼砂等少数几个了。我们为此感到非常自豪。

我们兄弟，特别是老大右旋酒石酸，是手性分子界的元老，在手性拆分领域，我们曾经是大名鼎鼎的拆分剂。

（张腾）

笔记栏

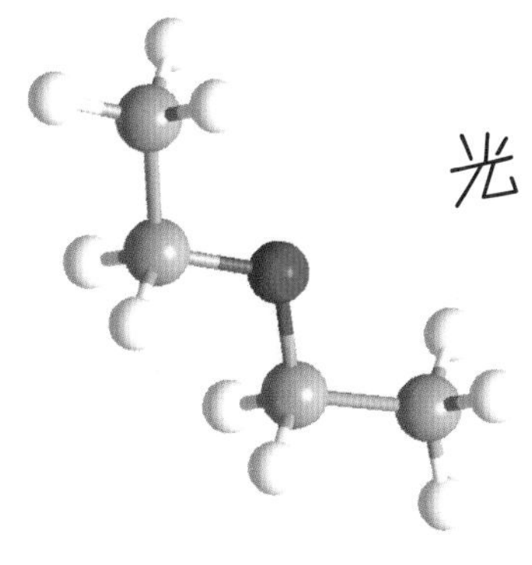

光明的黑暗之子
——乙醚

从一片混沌中生出了大地之母 Gaia（盖亚）、地狱之神 Tartarus（塔尔塔罗斯）、爱神 Eros（埃罗斯）、黑暗之神 Erebus（厄瑞玻斯）和黑夜女神 Nyx（尼克斯），Erebus 又与 Nyx 结合，生下光明 Ether 和白昼 Hemera。这便是赫西奥德笔下的世界之初，在那里，Ether（也作 Aether）是太空之上无限光明的化身。

古希腊人关于宇宙本源的意象让千百代科学家魂牵梦绕。笛卡尔将光传播的媒质称作 Ether，中文译作以太。惠更斯认为以太充满整个空间，可以承载光波，把以太与光的波动说紧紧联系在一起。由于一系列光学现象的发现和电磁理论的建立，光的波动说取得了核心地位，以太更成了无所不在的电磁场载体，只差一个精妙的实验来证明它的存在了。谁想到捉摸不定的 Ether 这时竟显出家族本性。迈克耳孙－莫雷实验和狭义相对论先后从实验和理论上否定了以太学说，这无处不在的光明，却是子虚乌有的黑暗之子。

物理学中的以太虽不存在，化学界却有他的兄弟。1275 年，西班牙的卢利奥发现了一种他称为 sweet vitriol 的物质；1540 年，德国植物学家科尔杜斯首先报道了 sweet vitriol 的合成方法，他的合作者帕拉采尔苏斯发现把这种物质掺在饲料里可以让鸡入睡。1730 年，德国科学家弗罗贝尼乌斯根据他易挥

笔记栏

发的性质将其命名为 ethereal spirits，也作 ether，这便是我们熟悉的乙醚。后来，ether 成为醚类物质的统称。

乙醚学名二乙基醚（Diethyl Ether），常温下是无色、透明、易流动的液体，有芳香味，具有吸湿性，味甜。相对密度 0.7135，熔点 −116.2℃，沸点 34.6℃。乙醚微溶于水，能溶于乙醇、苯和氯仿，是非常好的有机溶剂，可以溶解各种有机物和溴、碘、磷、硫等。无论在工业生产，还是实验研究中，乙醚都是常用的反应溶剂和萃取剂。

乙醚液体极易燃烧，爆炸极限 1.9%~48%，闪点 −45℃，自燃点 180℃。乙醚本极易挥发，加上长期放置中容易被氧化产生过氧化物，更易发生爆炸。因此，乙醚贮存时必须严密封盖、避光、降温。作为低闪点液体，乙醚被列入《危险货物品名表》，属易燃液体类。2004 年，还有过胶丸厂中乙醚引发爆炸的报道。

但有着高贵血统的光明之神是不会满足于这等小打小闹的。在麻醉上的用途，让乙醚在科学史上写下了浓墨重彩的一笔。麻醉术诞生之前，外科手术犹如地狱般恐怖。为了防止病人因疼痛而扭动身体，医生们死命按着被紧紧捆

笔记栏

住的躯体；为了遏制撕心裂肺的哀号，有人用饮酒、放血等方法，有的医生甚至猛击病人头部使病人昏迷。难以忍受的痛苦带来的休克、不当的“麻醉”方法，使得病人上手术台就等于一只脚踏进地狱。

彼时，化学家们一直在寻找理想的麻醉剂。18 世纪末，英国化学家戴维发现笑气（一氧化二氮，1772 年由英国化学家普里斯特利发现）的麻醉作用。1818 年，戴维的学生法拉第描述了乙醚蒸气的类似作用。这些发现在当时没有引起广泛注意，但也有一些医生开始尝试。1842 年 3 月 30 日，美国医生朗在施行肿瘤摘除手术时使用了乙醚麻醉。这是最早使用乙醚麻醉的记录。

1844 年，美国牙医韦尔斯首次成功地把笑气应用于牙科手术。但随后在哈佛大学医学院的演示手术中由于笑气使用量不足，病人中途醒来大叫，使得韦尔斯声誉扫地。韦尔斯曾经的学生、合作者莫顿医生在老师杰克逊的启发下，开始了乙醚麻醉的研究。1846 年 9 月 30 日的拔牙手术上，莫顿成功地使用了乙醚麻醉。同年，他在多次公开表演中成功地麻醉了病人。莫顿公布了自己的发现，并申请了专利，乙醚麻醉得到广泛应用，开启了现代麻醉术的大门。

然而，韦尔斯和杰克逊都来与莫顿争夺专利。韦尔斯发表文章说自己是外科手术麻醉剂的发明人。杰克逊（曾多次与人争夺专利，包括与莫顿争夺电报专利）更声明莫顿是自己的助手，要求享有发明乙醚麻醉的全部荣誉，这令准备和杰克逊分享专利的莫顿非常气愤。从此，三个人开始了著名的“乙醚之争”。1849 年，朗也发表了自己的结果，希望能够分享乙醚麻醉的专利。不知是因为吸入了太多的有毒气体，还是由于利欲熏心被黑暗迷住了眼睛，韦尔斯在 1848 年自杀身亡，终年 33 岁，杰克逊于 1873 年精神错乱，7 年后去世，莫顿在 1868 年死于中风。朗虽没有获得荣誉，行医事业却一直在发展，直到 1878 年去世。

这便是光明的黑暗之子为我们带来的一个新的学科和一场让人叹息的悲剧。现在，越来越多的麻醉剂问世了，简单的气体吸入麻醉也许会退出舞台。但我们不会忘记乙醚曾经带走过人类的伤痛，以及他带给我们的启示。

（吴屹然）

笔记栏

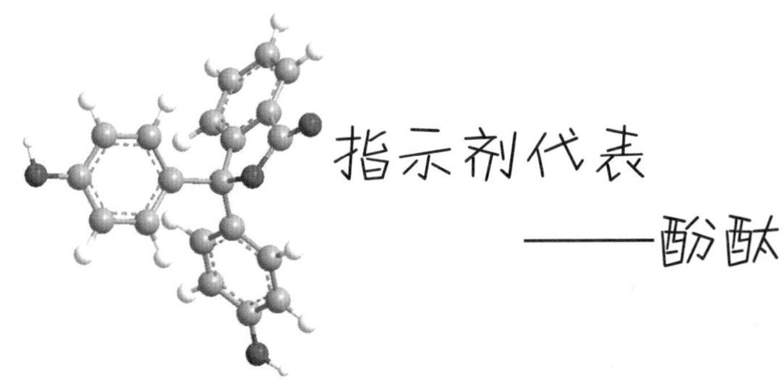

指示剂代表——酚酞

我是指示剂这个家族的代表——酚酞。其实指示剂并不只是一个家族，我们酸碱指示剂只是其中的一个分支，另外还有氧化还原指示剂等亲戚。就连我和我的兄弟甲基橙也有着很大差别：我们长得就不像；他是弱碱，我是弱酸；他属于偶氮化合物，我的结构中就没有氮原子；他总是穿着有色外衣，而我有些时候会在水中隐形。但我们有一个共同点，就是在酸碱度不同时以不同的面目出现。

指示剂中的元老级人物要算石蕊了。他也是在一个偶然的机会被发现的。本来他一直藏在一种地衣中。有一次化学家玻意耳在做实验时不小心把盐酸滴到了紫罗兰花瓣中，发现紫罗兰竟然变成了“红罗兰”。于是玻意耳对很多植物色素做了研究，石蕊就是其中之一。石蕊早已很有名了，很多人在初中刚开始学化学时就认识他。也就是从 1685 年玻意耳发表了他的发现之后，人们开始渐渐认识到我们这个家族的重要性。

我在家族中也算是老资格了。我在 1877 年诞生，虽然比石蕊晚了近 200 年，但我是第一个由人工合成的酸碱指示剂。我的父亲是邻苯二甲酸酐，母亲是苯酚。原本他们结合是要得到另一种物质的，结果“无心插柳柳成荫”，我诞生了。甲基橙的年龄只比我小一岁。

石蕊虽然有名，但现在大多数时候只被用作试纸。更准确的滴定中，就要靠我和甲基橙兄弟发挥作用了。原因很简单，当然是颜色的变化越明显越好。我经常被用在碱滴定酸时，因为在碱性环境下本来隐藏的我会换上粉红色到紫

笔记栏

红色的外衣。

我们都知道合作的重要性。在必要的时候，我还会和其他兄弟姐妹组合成混合指示剂，有时是为了一个点的颜色变化更明显，也有时是要在整个 pH 范围内都有变化，就比如大家熟悉的广范围 pH 试纸。

但如果把我放进浓碱中，我还是会隐藏起来，这都是因为那可恶的碱仗着他们离子多，在我贡献出两个质子后，还硬要让我再接受一个氢氧根离子，破坏了我本来应有的彩色共轭结构外衣。另外我也怕碰上次氯酸根离子这样的家伙，他比浓碱更可怕。浓碱稀释一下，我还是有希望恢复的。要是不幸碰上他，我就整个不是原来的我了，当然也不会显现颜色。这样即使溶液是碱性，我也没法告诉你了。

我与水的关系不密切，但酒精是我的好朋友，所以作为指示剂的我一般都是在 50% 的酒精溶液中。也不光是我，像我这样的兄弟姐妹还有不少，毕竟都是有机分子。

好了，就说到这里吧！希望大家不会忘记分子共和国中我们指示剂这个重要的群体。

（Hydrogen）

笔记栏

采菊东篱下，悠然见南山 ——三聚氰胺

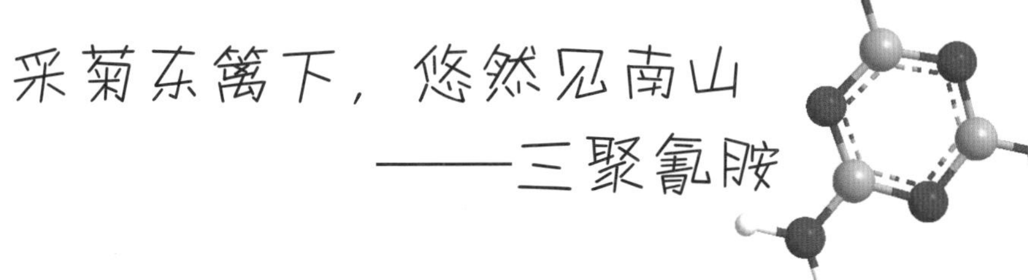

原本低调的三聚氰胺远离了城市的喧嚣，隐居山林，开始了他足不出户的隐士生活。他是一位具有传奇色彩的人物：他一度成为分子共和国居民关注的焦点，小报记者都以曝光他的“八卦”新闻为荣，狗仔队甘心潜伏在他的寓所周围三天三夜，也要拍到他的生活秘照。关于他的消息铺天盖地，在街头巷尾被人无数次谈起。有人含着泪控诉他的邪恶，有人提议取消他在分子共和国的公民权，有人提议从今以后限制他的人身自由。尽管处于风口浪尖，三聚氰胺却总是能够安之若素。他甚至主动离开了人们的视线，孤独地生活着。

有幸的是，在三聚氰胺的侄子——双氰胺的引见下，我们见到了三聚氰胺，并且对他进行了简短的采访。

记者（以下简称记）：您好，我们想对您做个简短的采访，您不介意吧？

三聚氰胺（以下简称三）：不。自从1834年李比希用电石为原料赐予我生

笔记栏

命以来，我一直试图为分子共和国的居民和人类服务，而不是做相反的事。

（背景资料：三聚氰胺先生于 1834 年被德国有机化学家李比希以双氰胺法合成了。他的生父是电石，在李比希的控制下，电石经过一系列反应得到了三聚氰胺。）

记：很抱歉，我不太了解化学。我一直以为您是尿素的后代？

三：那是后来的事了。当工业界准备大规模生产我的时候，他们才发现，其实尿素是一种廉价方便的原料，工艺也并不复杂。

记：原来如此。

三：是的。你一定已经发现，我是一个具有高度对称结构的平面分子。我看起来有点像大明星——苯，可是人们从来不像使用苯那样大规模地用我来作为溶剂，因为宏观上我是一种白色晶体。我的名字里虽然有臭名昭著的“氰”，可是在一般条件下，我绝不会放出剧毒的神经性毒剂——氰化氢。过去，人们只是用我来做三聚氰胺甲醛树脂的生产原料而已。

记：可是大多数人认识您的时候，请允许我这样说，他们都把您当成了一个心怀叵测的人、一个十恶不赦的罪犯。

（三聚氰胺脸上露出痛苦和无奈的表情。）

三：这件事，我跳进黄河也洗不清了。请允许我介绍一下为什么在人类的世界里，我会鬼使神差地出现在不该出现的地方——奶粉里面。

我想你也知道，蛋白质是我们这个世界的巨人，他的分子量是我们这些小分子的几千倍，甚至几万倍。他的诞生简直是自然界进化过程中的一个奇迹。他具有高度复杂的空间结构，神奇的生物化学性质，因而成为了整个生命世界的基石。

但是对于人类来说，他复杂的结构也给定量分析带来了不小的麻烦。于是人类想到了一种精巧的办法——克氏（kjeldahl）定氮法来测定他的含量。这个方法的核心思想是这样的：人类发现，尽管蛋白质结构复杂，但是在他身体里面，氮元素的含量是相对固定的。因此，测定物质中的含氮量，就可以间接地测定物质中蛋白质的含量。这个方法巧则巧矣，却给一些唯利是图的不法商

笔记栏

贩一个为非作歹的机会。在牛奶中，蛋白质是最有价值的营养成分，蛋白质含量的高低在一定程度上就代表牛奶的好坏。为了使得他们的牛奶看起来有很高的蛋白质含量，他们就去寻找一些高含氮量的廉价工业原料掺杂到牛奶中，希望在克氏定氮法检测中蒙混过关。于是，含氮量高达 67% 的我就成了不法商贩的首选。他们根本不管我是一种不能食用的物质，照样把我作为牛奶的添加剂。

记：于是就发生了我们所了解的悲剧。

（三聚氰胺的眼里含着泪水。）

三：是的。后来知道了婴儿服用了含有我的牛奶之后，出现了严重的问题。这一切都已经知道得太晚了！可是这一切都不是我所希望看到的。我本来就不是合法的食品添加剂，我甚至不溶于水，真不知道那些人何以利欲熏心至此！

（说到这里，三聚氰胺显得有些激动，不过过了一会儿又恢复了他隐士的风度。）

记：我想，我了解了您的想法。

三：我们分子共和国的居民都有自己优越的性质，可是当人类把我们放在不恰当的地方的时候，却极有可能酿成灾难。我希望你能把我的这些话带给大家。

记：一定。谢谢您！

三：也谢谢你给我一次说话的机会。

（杨扬）

笔记栏

金属有机化合物
形象代言人选举

在有机城堡中，有着这样的一个部落，这个部落里的每个成员都是由金属与碳、氢结合而成，他们有一个共同的名称——金属有机化合物。

分子共和国的年度庆典即将在年底举行。今天所有的金属有机化合物齐聚一堂，选举参加此次盛典的代表。作为部落的元老及本次选举的主持人，身着金黄色外衣的蔡斯盐首先发表了讲话：

“1827 年，当氯亚铂酸钾与乙烯在盐酸的帮助下发生了反应之后，我就诞生在丹麦药剂师蔡斯的实验室。我见证了我们金属有机部落由弱到强、不断壮

笔记栏

大的过程。起初我们不受重视。直到 1953 年，英国化学家克拉特才提出我的结构。我的负离子由三个氯离子和一个乙烯分子与铂通过配位键结合形成，其中乙烯分子以 π 键进行配位，两个碳原子到铂等距。乙烯分子中的 π 键与铂形成一个 δ−三中心配键，同时铂的一个 d 轨道上的一对电子与乙烯反键轨道相结合，形成 π−三中心配键，两者合在一起简称 δ−π 配键。正因为如此，乙烯受了点委屈，只能比平时拉长一点来参与成键。如此简单的结构，竟用了 126 年，足见人类对我们的轻视。

随着我们在有机合成领域的应用，人类越来越重视我们。而在此过程中，发现了许多新的结构和键型，这些发现对于价键理论的发展也有重大意义。由于很多生物学上的重要有机分子也包含金属元素，我们部落对生物化学、生命科学领域同样有重大意义。我们终于成为了化学舞台上的主角。”

（孙少阳）

笔记栏

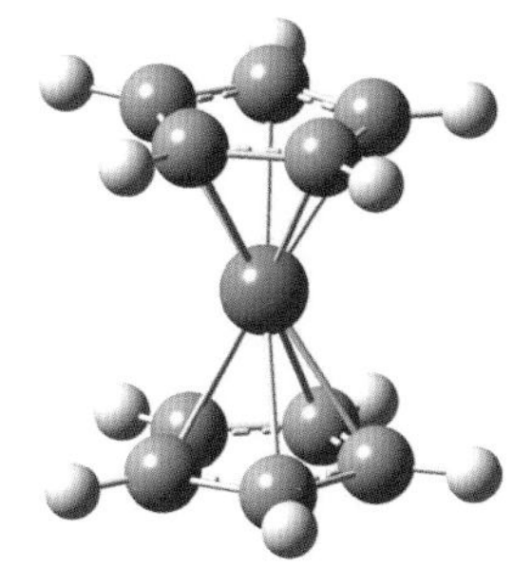

二茂铁的自述

我是由两个环戊二烯阴离子和一个亚铁离子组成的配位化合物，正负电荷抵消，得到我这个稳定的中性化合物。由实验可以得出，我的偶极矩是零，有抗磁性。这就证明我有良好的对称性，并且所有轨道均排满了。核磁共振显示我只有一种碳氢键，由此人们得知了我的结构：固态时两个环戊二烯基环以交叉式构象的方式平行而对称地分布在铁原子的上下两边。铁原子被夹在中间，不仅与一个碳原子相连，而且与整个碳环成键。后来的研究发现，我弯曲了碳氢键，为了紧紧拥抱中心的铁原子（环上的氢原子并不和环共平面）。有趣的是，气态时我的环戊二烯基环是重叠式的。其实我还有很多比较畸形的结构，只不过不是很稳定罢了。

我大多数情况下以橙色针状晶体现身，有一点点恼人的樟脑的味道。我对热还是很不敏感的，即使 470℃也不能使我屈服。与水相比，我更喜欢苯，可能是“香味相投”吧！

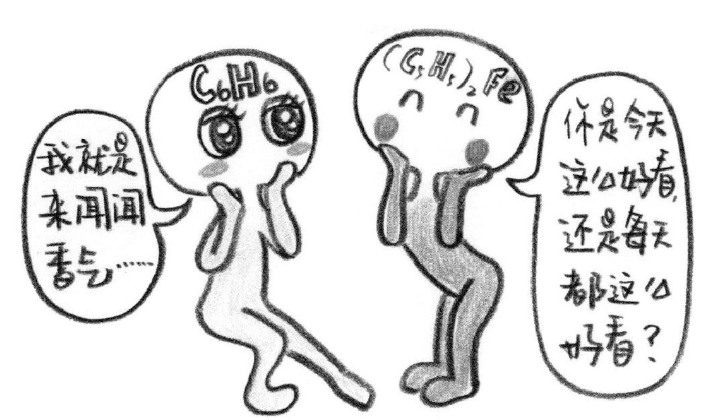

根据休克尔 $4n+2$ 规则，环戊二烯负离子是有芳香性的。因为和苯的 π

笔记栏

电子数相等，我有类似于她的性质，因而我们经常一起出去玩。这也是我们很亲近的主要原因吧！

1951 年基利和波森将溴代环戊二烯做成格氏试剂（环戊二烯基溴化镁），用此格氏试剂与氯化铁混合，原想得到偶联产物二氢富瓦烯，不料却合成了我。我由于特殊的芳香性，能轻易地发生亲电取代反应，如我可以乙酰化。不过机理就比较特殊了；亲电试剂们首先冲着我中心富电子的铁而去，与他配位并使他升高一价，随后环戊二烯基环打开 π 体系迎接亲电试剂。当然，这样的中间态不稳定，因此很快我赶走一个质子，恢复 π 轨道的本来面目。

（孙少阳）

笔记栏

格氏试剂家族

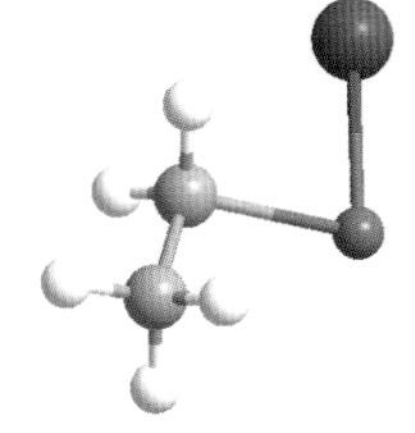

1901 年，法国化学家格利雅最早发现了我的存在，并对我进行了研究。

在无水无醇乙醚或其他惰性溶剂如四氢呋喃、甲苯等中，将我的父亲镁和母亲卤代烃混合，即可得到活泼的我。这时，我通常是灰白色或浅褐色的。

一般情况下，我在无光及无氧的情况下比较老实，不过一旦看到水或氧气，我就会浑身颤抖，口舌干燥，乃至与其结合，生成新的生命。

我的结构一直处于一种神秘状态。现在大家普遍认为，在有机溶剂中，我不是以单一的化合物形式存在，而是有多种存在形式。

呵呵，有点复杂，其实我还是觉得，最简单的我最有人气。

说到我的爱好，那可就多了。我喜欢各种各样的美女：有不饱和键的，具有活泼氢的，含有卤素的化合物，环氧化合物等。归根到底，这都是由于我的碳镁键易裂，产生烃基和卤化镁，后者具有亲核性。也有的化学家不这么看，他们认为我亲核进攻时并没有真正用卤化镁，只是经过了一个六元环机理。我的亲核性只是略好于锡试剂，却比不上锂试剂。因此，我的加成反应活性不是太强，是可逆的，使用我可以获得 1，4-加成产物，而不像有机锂迅速不可逆地生成 1，2-加成产物。

由此可看出，我在有机合成中的重要作用。没有我，现在的合成化学也不会如此迅速地发展。

（孙少阳）

笔记栏

四乙铅

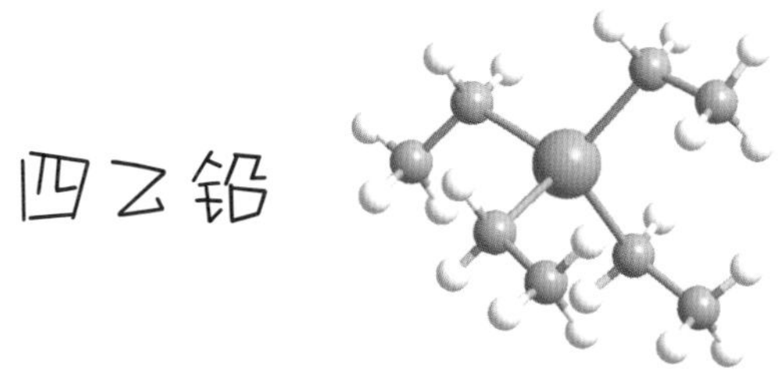

在80~90℃将铅钠合金与氯乙烷混合，我——四乙铅，就诞生了。

我的外表很平凡，与水也并不亲近，在200℃下我就分解殆尽了。但我对于有机世界及人类社会的贡献却是巨大的。将我的蒸气与氢气或氮气混合，在减压（1~2毫米汞柱）下输入石英管中，流速保持在10~15米/秒，在A处加热至600~900℃，使在A处有铅镜；冷却后，在B处（距A不超过32毫米）加热，B处也产生铅镜，但A处的铅镜却慢慢消失。是不是有点像变魔术啊？

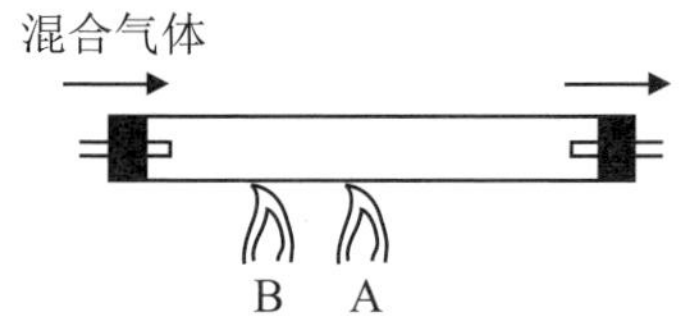

其实这是由于四乙铅的分解。在B处产生铅镜的同时，分解生成的乙基游离基受氢气气流带动向A处所在的方向流动，乙基游离基极不稳定，十分活泼，当到达A处时，立即和A处的铅镜发生反应，又生成四乙铅而使铅镜消失。如果A处与B处距离较远，A处的铅镜就不会消失，因为在未到A处时乙基游离基已相互结合成正丁烷或分解成更小的游离基。

不要小看这个魔术哦！在1929年，这个实验在有机合成史上第一次制得脂肪族游离基，证明了脂肪族游离基也能存在，对有机化学理论做出了重大贡献。

笔记栏

在生活中，我有着更大的作用。将我与二溴乙烷等有机卤化物混合组成“铅水”加入汽油中，可以大大提高汽油的辛烷值，提高汽油的抗爆性。因而我也成了有效的抗爆剂。

所谓的辛烷值，是表示汽油在发动机中燃烧时抗爆性指标，其大小与汽油组分的性质有关。一般来说，芳香烃的辛烷值最高，环烷烃和异构烃次之，烯烃又次之，正构烷烃最低。用抗爆性很大的异辛烷（2，2，4- 三甲基戊烷，规定其辛烷值为 100）和抗爆性很小的正庚烷（规定其辛烷值为 0）配成混合液，将汽油样品与混合液在标准单缸发动机中进行比较，与样品相等的混合液中所含的异辛烷的体积百分含量，即为该样品的辛烷值。汽油的辛烷值越高，抗爆性越好。

我之所以有这样的性质，主要由于我可以与汽油燃烧生成的过氧化物反应，生成一氧化铅沉淀，使过氧化物不能堆积，使氧化反应可以缓和地进行。二溴乙烷等有机卤化物的加入，可以使铅以溴化铅等形式放出，故二溴乙烷等被称为携出剂。

我有如此重要的作用，但性格上却不太随和，几乎可以说是浑身是刺。如果哪位想来找碴，呵呵，小心有毒啊！

（孙少阳）